主　编　徐永红　王秀军
副主编　段啟敏　刘　永
　　　　刘俊超
主　审　王中林

21世纪中等职业教育课程改革规划教材
激光加工技术专业

激光加工工艺

理实一体化教程

U0333733

华中科技大学出版社
http://www.hustp.com
中国·武汉

内 容 简 介

　　《激光加工工艺》坚持"立足行业,服务社会"的办学方向,从培养中职院校激光加工技术专业的知识型、技能型人才的角度出发,以"实用、够用"为目的,校企专家共同参与编写而成。教材共分 7 个项目、21 个任务。主要内容包括激光与材料的相互作用、激光标刻技术、激光焊接技术、激光切割技术、激光打孔技术和其他激光加工技术等。教材注重培养学生的检索能力、阅读能力、团队合作能力、分析和解决问题能力与实际操作能力,可操作性强。

图书在版编目(CIP)数据

激光加工工艺理实一体化教程/徐永红,王秀军主编.—武汉:华中科技大学出版社,2016.8（2020.1重印）
ISBN 978-7-5680-1358-1

Ⅰ.①激…　Ⅱ.①徐…　②王…　Ⅲ.①激光加工-职业教育-教材　Ⅳ.①TG665

中国版本图书馆 CIP 数据核字(2015)第 263293 号

激光加工工艺　理实一体化教程　　　　　　　　　　　徐永红　王秀军　主编
Jiguang Jiagong Gongyi Lishi Yitihua Jiaocheng

策划编辑：王红梅
责任编辑：陈元玉
封面设计：三　禾
责任校对：张会军
责任监印：徐　露
出版发行：华中科技大学出版社(中国•武汉)　　电话：(027)81321913
　　　　　武汉市东湖新技术开发区华工科技园　　邮编：430223
录　　排：武汉楚海文化传播有限公司
印　　刷：北京虎彩文化传播有限公司
开　　本：787mm×1092mm　1/16
印　　张：13.5
字　　数：329 千字
版　　次：2020 年 1 月第 1 版第 4 次印刷
定　　价：40.00 元

编 写 委 员 会 名 单

21 世纪中等职业教育课程改革规划教材激光加工技术专业
"十二五"规划系列教材

教学协作指导委员会

序

　　作为 21 世纪现代加工与制造的重要标志,激光技术的发展已经备受重视。经过 40 多年的发展,激光技术以其发展速度快、精细化程度高、附加值大等特点,被广泛应用于汽车、电子电气、航空、航天、能源、冶金、机械制造、生命科学等各行各业,对提高产品质量、劳动生产率、自动化、无污染、减少材料消耗等起到了愈来愈重要的作用。在我国制定的《国家中长期科学和技术发展规划纲要(2006—2020 年)》中,激光技术被列为重点发展的八项前沿技术之一。激光技术是一门综合性强、应用范围广的技术,涉及机械学、光学、材料学、工艺学、电工电子学等学科,随着工农业生产、国防科学技术等产业的快速发展,激光技术必将越来越受到社会的极大关注。

　　面对激光技术产业强劲的发展势头,培养与时俱进的技能型人才,当务之急,尤其需要培养一大批能从事一线操作的应用型技术人才,这就为中、高职院校增设激光加工技术专业提供了前所未有的发展机遇,但同时,专业的发展也面临着严峻的挑战。目前,从事一线教学的广大教育工作者和从业人员迫切需要实用性强、通俗易懂的激光加工技术专业教材,而国内关于该专业的教材多为本科院校和科研院所使用,适合中、高职院校的教材极其匮乏。为此,编写和出版职业院校的激光加工技术专业教材既迫在眉睫,又意义重大。

　　在湖北省激光行业协会的亲切关怀下,在武汉软件工程职业学院王中林等教授的大力支持,武汉弗莱茵科技有限公司的大力帮助,以及华中科技大学出版社的无私援助下,经过多年的努力,在原版本的基础上,第二次修订了《机械识图 理实一体化教程》《电工与电子技术 理实一体化教程》《电子测量 理实一体化教程》《电气控制与 PLC 理实一体化教程》《激光基础 理实一体化教程》《激光加工设备 理实一体化教程》《激光加工工艺 理实一体化教程》《激光加工实训技能指导(上、下册)》《AutoCAD技术 理实一体化教程》《激光英语》等激光加工专业系列教材。参与本系列教材建设的院校大多是国家级改革示范学校或国家级重点院校,参与教材编写的都是普通高校、中高职院校激光加工专业(或学科)带头人,有着丰富的教学和实践经验。此外,教材编写还吸收了激光加工设备制造行业的精英参与,经过反复研讨、修订和论证,终于完成了本套教材的编写工作。

本套教材具有以下鲜明的特点。

原创性强。检索表明,中、高职院目前尚没发现激光加工专业的整套教学用书。作为一个服务于经济社会发展的新专业,本套教材含有机械加工、电工电子、激光基础、激光加工工艺和设备、常用软件等内容,覆盖面广,首创性强,是对激光加工技术专业职业教学的一次有效、有益的大胆尝试。如《激光基础 理实一体化教程》《激光加工设备 理实一体化教程》《激光加工工艺 理实一体化教程》《激光英语》等。

针对性强。本套教材注重知识的"可用、够用、实用",主要以模块贯穿—项目引领—任务驱动,使得机械、电工电子等专业基础模块,如《机械识图 理实一体化教程》《电工与电子技术 理实一体化教程》《电子测量 理实一体化教程》《电气控制与PLC 理实一体化教程》等,服务于激光加工专业核心模块,针对性强。

实践性强。本套教材凸显理实一体化教学理念,把导、学、教、做、评等各环节有机地结合在一起,以"弱化理论、强化实操,实用、够用"为目的,强化对学生实操能力的培养,让学生"做中学,学中做",符合当前职业教育改革与发展的精神和要求。如《激光加工实训技能指导(上、下册)》中,以及机、光、电等项目教程里均含有大量的实训教学内容,突出了以"做"为中心的实践性教学环节。

课程设置合理。结合激光加工技术所涉及的领域,本套教材集机、光、电为一体,宽基础、有阶梯,门类齐全,理论体系完整,课时安排比例适当,专业基础和专业核心课程占总课时近70%,与职业教育的理念相契合。

我十分高兴地为本套教材写序,也有幸认识了很多业界朋友,更乐意向全国广大读者推荐这套教材。随着我国高端制造加工业的蓬勃发展,尤其是激光加工技术的广泛应用,有着一批在教学一线的编者、企业有识之士的默默奉献,我坚信,教材的功效一定会得以彰显。

上海市激光技术研究所所长　王又良

2015 年 7 月

前　言

　　激光加工技术是一项综合性极高的技术,它涉及光学、热学、机械学、电工电子学、材料学、工程学等很多学科。由于激光固有的四大特性(单色性、相干性、方向性和高能量密度),在其他的领域也得到广泛发展。随着生产实践应用的需求,激光加工工艺越来越受到人们的重视。激光加工工艺即激光对各种材料的加工,由于热影响区小,光束方向性好,能使光束斑点聚焦到波长级,可以进行选择性加工、精密加工,这是激光加工具有的特点和优越性,是机加工中最有竞争力的一种替代手段。

　　本教材是从职业教育培养激光加工技术知识型、技能型人才的角度出发,以"实用、够用"为目的,弱化理论,注重实践,针对职业院校学生的特点编写的,通俗易懂,由浅入深,尽量符合学生的可接受教学原则。

　　本教材被列为 21 世纪中等职业教育课程改革规划教材,适合中职院校激光加工技术专业广大师生使用。全书共分 7 个项目 21 个任务。主要内容包括激光与材料的相互作用、激光标刻技术、激光焊接技术、激光切割技术、激光打孔技术和几个其他激光加工技术等。内容的选定坚持以服务学生、服务教学、服务就业为宗旨,注重培养学生的检索能力、阅读能力、团队合作能力、分析和解决问题能力和实际操作能力。在知识链接中增大了知识内涵,尤其是把我国目前激光发展的实际水平位居世界前列这一客观事实凸显了出来,激发了学生的爱国热情。

　　在教材开发过程中,编委们深入工厂、企业,与相关工程技术人员共同探讨,了解新工艺,学习新技术,努力做到校企培养和使用人才的零距离对接。

　　本书由安徽蚌埠技师学院的徐永红和王秀军两位老师主编。贵州电子工业学校的段启敏、河南济源市高级技工学校的刘永、河南濮阳市高级技工学校的刘俊超，以及吉林省伊通县职教中心、陕西高陵县职教中心、安徽阜阳技师学院、贵州电子工业学校、石家庄栾城县职教中心、辽宁朝阳工程技术学校、四川宣汉职业中等专业学校、宁夏灵武职教中心、山东垦利县职业技术教育中心、甘肃酒泉工贸职业中等专业学校、江西莲花县职业技术学校、河南济源市高级技工学校等全国70多所中高职院校的本专业老师共同参与编写而成。本书由王中林主审。

本书在编写过程中参考和借鉴了多本同类教材的内容，也借鉴了激光网上的很多最新的典型案例，在此谨向编著者表示深切谢意；向一直关心支持本教材开发的武汉弗莱茵科技有限公司的封超华总经理、湖北省激光行业协会领导，以及武汉软件工程职业学院的王中林教授、李建新教授、杨晟老师、石中发老师表示崇高的敬意。在书本的编写过程中，还得到武汉弗莱茵科技有限公司全体工程技术人员的无私帮助和大力支持，在此表示衷心感谢。

由于编者水平有限，书中不足之处在所难免，恳请读者批评指正。

编　者
2016 年 7 月

目　录

项目1

绪

论

【项目描述】

　　激光加工工艺涉及光、机、电、材料和其他相关的技术，对不同的加工对象，它有一定的内在规律和特点。激光加工工艺即激光对各种材料的加工工艺，本项目共分为2个任务，即概述、激光与材料的相互作用。学习本项目，可让学生初步了解激光加工的种类及激光与材料的相互作用的基本规律。

【学习目标】

　　了解激光加工工艺内涵，理解激光加工特点，知道激光加工种类以及激光与材料相互作用的几个阶段，知道影响激光与材料相互作用的因素。

【能力目标】

　　培养学生网上检索、阅读、思考、分析和解决问题的能力。

任务 1 概述

任务场景

一个好的激光加工产品,它的生产过程绝不能随心所欲,必须按照一定的规范标准来实施。这一激光加工的规范标准就称为激光加工工艺。好的激光加工工艺能够充分保证产品的质量,提高工作的效率。图 1.1.1 所示的为空中客机 A340,其机身、机翼筋板与蒙皮连接采用的是激光焊接工艺,这对激光加工工艺的要求就十分严格。

任务要求

了解激光加工工艺的内涵,理解激光加工的特点,知道激光加工种类。

图 1.1.1 机身、机翼筋板与蒙皮的焊接

任务准备

1. 网上检索相关图片和视频,下载并编辑。
2. 多媒体及课件。

基本活动

一、激光加工工艺

激光加工工艺涉及光、机、电、材料、控制系统和其他相关的技术,对于不同的加工对象,它有一定的内在规律和特点。激光加工工艺即激光对各种材料的加工工艺。由于热影响区小,光束方向性好,而且光束斑点可聚焦成不同的大小,以便进行选择性加工、精密加工,这是激光加工具有的特点,是机加工中最有竞争力的一种替代传统加工工艺的手段。

自激光发明以来的 40 多年间,继以红宝石激光器为代表的固体激光器之后,气体激光器、化学激光器、染料激光器、原子激光器、离子激光器、半导体激光器、X 射线激光器和光纤激光器相继问世。各种性能的激光器,如稳频激光器、稳功率激光器、保偏激光器、大功率激光器、稳方向激光器及超短脉冲激光器先后被研制出来,以满足不同的需求。许多领域应用激光发展出了各种不同的新产品,例如,激光干涉仪、激光测距仪、激光医疗设备、激光打孔机、激光打标机、激光切割机、激光焊接机、激光雕刻机、激光热处理设备、激光防伪商标、激光通信系统、光盘存储器及激光制导武器等。

二、激光加工的特点

激光加工的特点主要包括以下几个方面。

(1) 几乎可以对所有的金属和非金属材料进行激光加工。可以加工玻璃、有机玻璃等透明体；还可以加工高硬度、高脆性及高熔点的材料。

（2）激光能聚焦成极小的光斑，可进行微细和精密加工，如微细窄缝和微型孔的加工。激光束易于导向、聚焦，以实现各方向变换，极易与数控系统配合，对复杂工件进行加工，因此，它是一种极为灵便的加工方法。

（3）可用反射镜将激光束送往远离激光器的隔离室或其他地点进行加工。

（4）加工时无需用刀具，属于非接触加工，并且激光束的高能量及其移动速度均可调，因此可以达到多种加工的目的，如无机械加工变形。

（5）无需加工工具和特殊环境，便于自动控制、连续加工，加工效率高，加工变形和热变形小。

（6）激光加工与电子束加工相比，其优点在于可以在大气中进行，不必在真空中进行，不受电磁干扰，设备相对简单，使用方便，性能良好。

三、激光加工的种类

激光加工是指激光束作用于物体的表面而引起的物体变形，或者物体的性能改变的加工过程。按光与物质相互作用的机理，大体可将激光加工分为激光热加工和激光光化学反应加工等两类。

激光热加工是指激光束加于物体所引起的快速效应的各种加工过程；激光光化学反应加工是指激光束加于物体，借助高密度高能光子引发或控制光化学反应的各种加工过程，也称为冷加工。热加工和冷加工均可对金属材料和非金属材料进行切割、打孔、刻槽、标记等。热加工对金属材料进行焊接、表面改性、合金化、切割均极有利，冷加工则对光化学沉积、激光刻蚀、掺杂和氧化很合适。

1. 激光打标

激光打标是指利用高能量的激光束照射在工件表面，光能瞬时被工件材料吸收变成热能，使工件表面材料汽化或发生颜色变化的化学反应，留下永久性标记，从而在工件表面刻出任意需要的文字和图形，以作为永久防伪标志的加工方法，如图1.1.2所示。激光打标是激光加工最大的应用领域之一。激光打标可以打出各种文字、符号和图案等，字符大小可以从毫米到微米数量级，这对产品的防伪有特殊的意义。

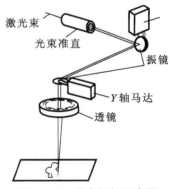

图 1.1.2　激光打标示意图

激光打标的特点是非接触加工，可在任何异型表面标刻，工件不会变形和产生内应力，适于金属、塑料、玻璃、陶瓷、木材、皮革等各种材料的表面标刻；标记清晰、永久、美观，并能有效防伪；标刻速度快，运行成本低，无污染，可显著提高被标刻产品的档次。

激光打标广泛应用于电子元器件、汽（摩托）车配件、医疗器械、通信器材、计算机外围设备、钟表等产品中。

2. 激光焊接

当激光的功率密度为 $10^5 \sim 10^7$ W/cm² ，照射时间约为 1/100 s 时，可进行激光焊接。激光焊接一般无需焊料和焊剂,只需将工件的加工区域"热熔"在一起即可,如图1.1.3所示。

激光焊接速度快,热影响区小,焊接质量高,既可焊接同种材料,也可焊接异种材料,还可透过玻璃进行焊接。其在机械、汽车、钢铁等工业部门获得了广泛应用,可以用来焊接汽车车身厚薄板、汽车零件、锂电池、心脏起搏器、密封继电器等密封器件,以及各种不允许焊接污染和变形的器件。

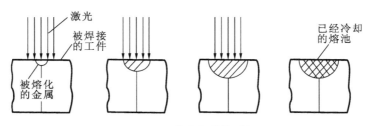

图1.1.3 激光焊接的过程

3. 激光切割

激光切割是通过激光聚焦后产生的高功率密度能量来实现的。在计算机的控制下,脉冲使激光器放电,输出受控的重复高频率的脉冲激光,形成一定频率、一定脉宽的光束,该脉冲激光束经过光路传导及反射并通过聚焦透镜组聚焦在加工物体的表面上,形成一个个细微的、高能量密度光斑,光斑位于待加工表面附近,以瞬间高温熔化或汽化被加工材料。每一个高能量的激光脉冲瞬间就把物体表面溅射出一个细小的孔,在计算机的控制下,激光加工头与被加工材料按预先绘好的图形进行连续相对运动打点,这样就会把物体加工成想要的形状。切割时,一般与光束同轴气流由切割头喷出,将熔化或汽化的材料由切口的底部吹出(注:如果吹出的气体和被切割材料产生热效反应,则此反应将提供切割所需的附加能源;气流还有冷却已切割面、减少热影响区和保证聚焦透镜不受污染的作用)。与传统的板材加工方法相比,激光切割具有高的切割质量(切口宽度窄、热影响区小、切口光洁)、高的切割速度、高的柔性(可随意切割任意形状)、广泛的材料适应性等优点。激光切割(见图1.1.4)的原理与激光打孔的原理相似,但工件与激光束要相对移动。在实际加工中,采用工作台数控技术可以实现激光数控切割。

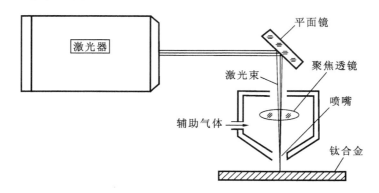

图1.1.4 激光切割示意图

激光切割大多采用大功率的CO_2激光器,对于精细切割,也可采用YAG激光器。激光可以切割金属,也可以切割非金属。在激光切割过程中,由于激光对被切割材料不产生机械冲击和压力,再加上激光切割切缝小,便于自动控制,故在实际中常用来加工玻璃、陶瓷及各种精密细小的零部件。

激光切割过程中,影响激光切割参数的主要因素有激光功率、吹气压力、材料厚度等。

4. 激光打孔

随着近代工业技术的发展,硬度大、熔点高的材料应用越来越多,并且常常要求在这些材料上打出又小又深的孔,例如,钟表或仪表的宝石轴承、钻石拉丝模具、化学纤维的喷丝头以及火箭或柴油发动机中的燃料喷嘴等。这类加工任务,用常规的机械加工方法很困难,有的甚至是不可能的,而用激光打孔,则能比较好地完成任务。

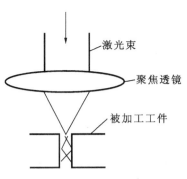

图 1.1.5 激光打孔示意图

激光打孔过程是激光和物质相互作用的热物理过程,它是由激光光束特性(包括激光的波长、脉冲宽度、激光光束发散角、聚焦状态等)和物质诸多的热物理特性决定的。它在激光加工中归类于激光去除,也叫蒸发加工。激光经聚焦后作为高强度热源对材料进行加热,如图 1.1.5 所示。激光功率密度只要达到 $10^5 \sim 10^6$ W/cm^2,就能使各种材料(包括陶瓷)熔化或汽化。在激光打孔中,要详细了解打孔的材料及打孔要求。从理论上讲,激光可以在任何材料的不同位置打出浅至几微米、深至二十几毫米以上的小孔,但具体到某一台打孔机,它的打孔范围是有限的。所以,在打孔之前,最好要对现有的激光器的打孔范围进行充分了解,以确定能否打孔。

激光打孔的质量主要与激光器的输出功率和照射时间、焦距与发散角、焦点位置、光斑内能量分布、照射次数及工件材料等因素有关。在实际加工中,应合理选择这些工艺参数。

5. 激光表面热处理

激光表面热处理也称激光表面淬火。激光的功率密度只要达到 $10^3 \sim 10^5$ W/cm^2,便可对铸铁、中碳钢,甚至低碳钢等材料进行激光表面淬火。淬火层的深度一般为 $0.7 \sim 1.1$ mm,淬火层的硬度比常规淬火层的约高 20%。激光表面淬火变形小,还能解决低碳钢的表面淬火强化问题。图 1.1.6 所示的为激光表面热处理应用实例。

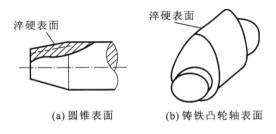

(a) 圆锥表面   (b) 铸铁凸轮轴表面

图 1.1.6 激光表面热处理示意图

 评价与收获

将本任务的评价与收获填入表 1.1.1 中。

表 1.1.1　任务的评价与收获

过程评价					
评价内容	认知态度	多媒体使用情况	团队协作情况	参与程度	任务完成情况
评价等级					
收获与反思					

巩固与练习

1. 激光加工的特点有哪些？
2. 激光加工的种类有哪些？

知识链接

激光智能装备在国防和航空航天领域的应用

激光制造技术在国防和航空航天领域的产业化应用具有远大前景,具备效率高、能耗低、流程短、性能好、数字化、智能化等特点。

航空发动机是飞机的心脏,是飞机性能的重要决定因素。飞机上使用的大型涡轮风扇发动机,涡轮转速超过 5000 转每分钟,发动机燃气流进涡轮前的温度高达 1500℃,为了防止涡轮叶片、燃烧室、喷油嘴等发动机中的 3 万余个零部件"发烧",需要引入外围的冷空气,在内部表面形成很薄的冷空气膜给其进行冷却降温,这要通过直径为 0.5 mm 的 10 万余个微小气膜孔来实现。

攻克微小气膜孔的加工方法成为飞机"心脏"正常跳动的关键。但目前现有的电火花打孔、激光打孔,会使孔壁存在再铸层、微裂纹,因而降低了零件使用寿命,严重影响了零件使用的稳定性。为了去除再铸层和微裂纹,国内外均采用激光加工等技术来破解飞机"心脏"正常跳动的难题。

飞机主要结构材料铝、钛合金的激光焊接是相对于传统焊接方式的,因为飞机焊接需要精密环境,手动焊接需要焊接一个零部件抽一次真空,而激光焊接则可以省掉该步骤,大大地节省了时间,激光焊接的效率也是传统焊接的 5～6 倍;热影响小,相对于传统的机械加工,激光焊接材料表面几乎毫发无损;激光焊接能够实现自动化、柔性化,通过数据编程,真正实现智能制造。

激光焊接技术主要应用于焊接飞机主要结构材料铝、钛合金及飞机合金壁板、汽缸垫、电机盒、炮弹、鱼雷、铝合金导弹装药库等方面;激光切割打孔技术应用于飞机蒙皮、蜂窝结构、框架、尾翼壁板、直升机主旋翼、发动机机匣和火箭筒等方面。激光表面处理技术主要有激光淬火与激光熔覆。激光淬火是用高能激光在工件表面快速扫描,在工件表面指甲厚的小区域内快速吸收能量,使其温度不要 1 s 就可上升到 600～1000℃,2～3 s 内完成低温淬火,激光淬火后的工件表面会更加坚硬。激光熔覆可修复飞机旧设备,如飞机发动机锻造叶片、涡轮导向器叶片等,熔覆后的旧设备崭新如初,设备基材性能甚至超过从前,柔软的材料会更柔软,坚硬的材料会更坚硬。中小功率激光微细加工主要包括飞机上仪表的永久标志、轴承永久标志等。

任务2 激光与材料的相互作用

任务场景

激光加工是继机械加工、力加工、火焰加工和电加工之后的一种崭新的加工技术。作为极具特色的光源,也称为"光刀",它可以解决不同材料的加工、成型、制备等各种制造问题。作为神奇的"光刀",它有诸多特点:其空间特性的能量分布,根据需要可"尖"可"钝",具有时间特性,可连续或调制输出;根据被加工材料的吸收系数,其波长可覆盖到紫外区。各种光的参数搭配,使得被加工材料的范围可从金属、复合材料、陶瓷、玻璃、皮革、布料到人造纤维等。图1.2.1所示的是激光对金属加工的现场。

图1.2.1 激光对金属加工的现场

任务要求

1. 了解激光与材料相互作用的几个阶段。
2. 知道激光与材料相互作用的因素。

任务准备

1. 网上检索相关图片和视频,下载并编辑。
2. 多媒体及课件。

基本活动

一、激光与材料相互作用的几个阶段

目前,激光加工用激光多处于红外波段(CO_2激光波长为$10.6~\mu m$,YAG激光波长为$1.06~\mu m$)。根据材料吸收激光能量而产生的温度升高程度,可以把激光与材料相互作用的过程分为如下几个阶段。

（1）无热或基本光学阶段。从微观上来说，激光是高简并度的光子，当它的功率（能量）密度很低时，绝大部分的入射光子被材料（金属）中的电子弹性散射，这个阶段的主要物理过程为反射、透射和吸收。由于吸收成热甚低，所以不能用于一般的热加工，主要研究内容属于基本光学范围。

（2）相变点以下（$T < T_s$）加热。当入射激光强度提高时，入射光子与金属中的电子产生非弹性散射，电子通过"逆韧致辐射效应"，从光子获取能量。处于受激态的电子与声子（晶格）相互作用，把能量传给声子，激发强烈的晶格振动，从而使材料加热。当温度低于相变点（$T < T_s$）时，材料不发生结构变化。从宏观上看，这个阶段激光与材料相互作用的主要物理过程是传热。

（3）在相变点以上但低于熔点（$T_s < T < T_m$）加热。这个阶段为材料固态相变，存在传热和质量传递物理过程。其主要工艺为激光相变硬化，主要研究激光工艺参数与材料特性对硬化的影响。

（4）在熔点以上但低于汽化点（$T_m < T < T_v$）加热。激光使材料熔化，形成熔池。熔池外主要是传热，熔池内存在三种物理过程，即传热、对流和传质。其主要工艺为激光熔凝处理、激光熔覆、激光合金化和激光传导焊接。

（5）汽化点以上（$T > T_v$）加热，出现等离子体现象。激光使材料汽化，形成等离子体，这在激光深熔焊接中是经常见到的现象。利用等离子体反冲效应，还可以对材料进行冲击硬化。

二、影响激光与材料相互作用的因素

1. 物理过程

激光作用到被加工材料上，光波的电磁场与材料相互作用，这一相互作用过程主要与激光的功率密度和激光的作用时间、材料的密度、材料的熔点、材料的相变温度、激光的波长和材料表面对该波长激光的吸收率、热导率等有关。激光的作用是使材料的温度不断上升，当作用区吸收的能量与作用区输出的能量相等时，达到能量平衡状态，作用区温度将保持不变，否则温度将继续上升。这一过程中，激光作用时间相同时，光吸收的能量与输出的能量差越大，材料的温度上升越快；激光作用条件相同时，材料的热导率越小，作用区与其周边的温度梯度越大；能量差相同时，材料的比热容越小，材料作用区的温度越高。

激光的功率密度、作用时间、作用波长不同，或者材料本身的性质不同，材料作用区的温度变化就不同，使材料作用区内材料的材质状态发生不同的变化。对于有固态相变的材料来说，可以用激光加热来实现相变硬化。对于所有材料来说，可以用激光加热使材料处于液态、气态或等离子体等不同状态。不同激光参数下的各种加工的应用范围如图 1.2.2 所示。激光脉宽为 10 ms、聚焦功率密度为 10^2 W/mm^2 时，作用于金属表面，主要产生温升相变现象，用作激光相变硬化；激光作用时间在 4～10 ms、聚焦功率密度在 $10^2 \sim 10^4$ W/mm^2 的范围时，金属材料除了产生温升、熔化现象外，还有汽化现象，同时存在激波，可用于熔化、焊接、合金化和熔敷等。激光作用时间在 4～10 s、聚焦功率密度在 $10^5 \sim 10^9$ W/mm^2 的范围时，金属材料除了产生温升、熔化现象外，还产生汽化现象，同时存在激波和爆炸冲击，主要用于打孔、切割、画线和微调等。激光作用时间小于 6～10 s、聚焦功率密度增大到 10^9 W/

mm^2 时,除了产生上述现象外,金属内热压缩激波和金属表面上产生的爆炸冲击效应变为主要现象,主要用于冲击硬化。

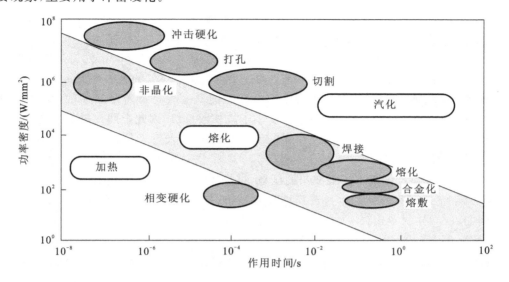

图 1.2.2　不同激光参数下的各种加工的可能应用和影响

2. 能量变化规律

激光照射到材料上,要满足能量守恒定律,即满足

$$R+T+A=1 \tag{1-1}$$

式中:R 为材料的反射率;

T 为材料的透射率;

A 为材料的吸收系数。

若激光沿 x 方向传播,则照射到材料上被吸收后,其强度减弱,满足

$$I=I_0 e^{-\alpha x} \tag{1-2}$$

式中:I_0 为入射光强度,单位是 cd;

α 为材料的吸收率,常用单位为 mm^{-1},是一个与激光强度无关的比例系数。

式(1-2)称为布格尔定律或朗伯定律。由此可见,激光在材料内部传播时,强度按指数规律衰减,其衰减程度由材料的吸收率 α 决定。通常定义激光在材料中传播时,激光强度下降到入射光强度的 $1/e$ 处对应的深度为穿透深度。吸收率 α 与材料的种类、激光入射波波长等有关。

当激光强度达到足够高时,强激光与物质作用的结果使物质的折射率发生变化;激光束强度中间高、两边迅速下降的高斯分布使材料中的光束通过区域的折射率产生中间强两边弱的效果。因此,材料会出现类似透镜的聚焦(或散焦)现象,称为自聚焦(或自散焦),此时激光自聚焦成一条很细的亮线。

3. 吸收率

光传播到两种不同的媒质界面上时,由于光波的电磁场与物质的相互作用,将发生反射、折射和吸收等现象。没有光波入射,媒质处于电中性,当光波的电磁场入射到媒质上时,光波场与媒质中的带电粒子会相互作用。反射光和折射光的产生都是通过两媒质交界面内一层的原子和分子对入射光的相干散射实现的,光波场使界面原子成为振荡的偶极子,辐射的次波在第一媒质中形成反射波,在第二媒质中形成折射波。光吸收是媒质的普遍性质,除了真空外,无一种媒质能对任何波长的光波都是完全透明的,只能对某些波长范围内的光透明,而对另一些波长范围内的光不透明,即有强烈的吸收。

各种媒质的吸收率差别很大。对于可见光(波长范围为 $400 \sim 760$ nm),金属的吸收率为 $\alpha \approx 10^6$ mm^{-1},玻璃的吸收率为 $\alpha \approx 10^{-2}$ mm^{-1},而一个大气压下空气的吸收率为 $\alpha \approx 10^{-2}$ mm^{-1}。这表明非常薄的金属片就能吸收掉通过它的全部光能。一种材料若是透明的,那么它的穿透深度必须大于它的厚度。金属的穿透深度小于波长数量级,因此金属一般是不透明的。

材料对激光的吸收率主要与激光作用波长、材料温度、入射光偏振态、激光入射角和材料表面状况有关。

(1) 波长的影响。吸收率 α 是波长的函数,根据吸收率随波长变化而变化规律的不同,把吸收率 α 与波长有关的吸收称为选择性吸收,与波长无关的吸收称为一般性吸收或普遍吸收。例如,半导体材料锗(Ge)对可见光不透明,吸收率高,但对 10600 nm 的红外光是透明的,因此可用作 CO_2 激光器的输出腔镜。在可见光范围内,普通光学玻璃吸收都较小,基本不随波长的变化而变化,属于一般吸收,但普通光学玻璃对紫外光和红外光则表现出不同的选择性吸收。有色玻璃具有选择性吸收的功能,红玻璃对红光和橙光吸收少,而对绿光、蓝光和紫光几乎全吸收。所以,当白光照到红玻璃上时,只有红光能透过去,看到它是红色的。若红玻璃用红光的对比色绿光照射,则玻璃看上去是黑色。绝大部分物体呈现颜色,都是其表面或内部对可见光进行选择性吸收的结果。

一般情况下,照射光的波长越长,吸收率越小,材料吸收率与波长的关系如图 1.2.3 所示。室温下,在氩离子激光(488 nm)、红宝石激光(694.3 nm)、YAG 激光(1064 nm)和 CO_2 激光(10600 nm)的分别作用下,光洁表面材料的吸收率如表 1.2.1 所示。

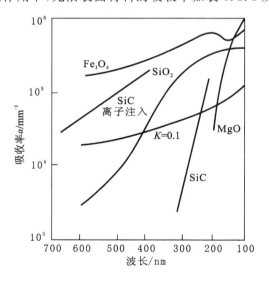

图 1.2.3　材料吸收率与波长的关系

表 1.2.1 室温下激光波长与光洁表面材料的吸收率的关系

材　　料	氩离子激光 (488 nm)	红宝石激光 (694.3 nm)	YAG 激光 (1064 nm)	CO_2 激光 (10600 nm)
铝(Al)	0.09	0.11	0.08	0.019
铜(Cu)	0.56	0.17	0.10	0.015
金(Au)	0.58	0.07	—	0.017
铱(Ir)	0.36	0.30	0.22	—
铁(Fe)	0.68	0.64	—	0.035
铅(Pb)	0.38	0.35	0.16	0.045
钼(Mo)	0.48	0.48	0.40	0.027
镍(Ni)	0.58	0.32	0.26	0.030
铌(Nb)	0.40	0.50	0.32	0.036
铂(Pt)	0.21	0.15	0.11	0.036
铼(Re)	0.47	0.44	0.28	—
银(Ag)	0.05	0.04	0.04	0.014
钽(Ta)	0.65	0.50	0.18	0.044
锡(Sn)	0.20	0.18	0.19	0.034
钛(Ti)	0.48	0.45	0.42	0.080
钨(W)	0.55	0.50	0.41	0.026
锌(Zn)	—	—	0.16	0.027
砷化镓(GaAs)				5×10^{-3}
硒化锌(ZnSe)				1×10^{-3}
氯化钠(NaCl)				1.3×10^{-3}
氯化钾(KCl)				7×10^{-5}
锗(Ge)				1.2×10^{-2}
碲化镉(CdTe)				2.5×10^{-4}
溴化钾(KBr)				0.420

（2）温度的影响。当温度发生变化时,材料对激光的吸收率也随之变化,温度增高,材料的吸收率增大;激光功率越大,材料温度上升得越快,则材料的吸收率也越大。例如,金属在室温下的吸收率较小,温度上升到熔点附近时,吸收率达到 $40\%\sim50\%$,若温度上升到沸点附近,则吸收率可达 90%。

（3）金属材料对激光的吸收。导电媒质的特征是存在许多未被束缚的自由电荷,对于金属,这些电荷就是电子,其运动构成电流(金属中 1 cm³ 中的电子数约为 10^{22} 的数量级),因此金属的电导率 σ 很大,即使某时刻存在电荷密度 ρ,也会很快衰减为零,可以认为金属中

的电荷密度 ρ 为零。实际金属中,传导电子和进行热扰动的晶格或缺陷发生碰撞,将入射的光波能量不可逆地转化为焦耳热。因此,光波在金属中传播时,会被强烈地吸收。

当光照射在清洁磨光的金属表面时,金属中的自由电子将在光波电磁场的作用下强迫振动,产生次波,这些次波构成很强的反射波和较弱的透射波,这些透射波也很快被吸收。

由物理光学可知,金属材料的折射率为复数,光波在金属中传播时,定义光波振幅衰减到表面振幅的 $1/e$ 处的传播距离为穿透深度,这个穿透深度小于波长数量级。一种材料若是透明的,则它的穿透深度必须大于它的厚度。可见光波只能透入金属表面很薄的一层内,因此通常情况下,金属是不透明的。例如,铜在 $100\ nm$ 的紫外光照射下的穿透深度约为 $0.6\ nm$,而在 $10000\ nm$ 的红外光照射下的穿透深度约为 $6\ nm$,当把金属做成很薄的薄膜时,它可以变成透明的。

金属对光波的作用是强吸收和强反射。强吸收指的是在小于波长数量级的穿透深度内,金属中的传导电子将入射的光波能量转化为焦耳热,一般在 $10^{-11}\sim10^{-10}\ s$ 的时间内被强烈吸收,但由于穿透深度很小,因此电子耗散的总能量很少。强反射指的是由于金属表面的反射率比透明媒质(如普通光学玻璃)的高得多,大部分入射能量都被金属表面反射。各种金属因其自由电子密度不同,反射光波的能力也不同。一般情况下,自由电子密度越大,即电导率越大,反射率越高。

入射光波长不同,反射率也不同。在可见光和红外波段范围内,对于大多数金属,都有很高的反射率,可达 $78\%\sim98\%$,而在紫外波段吸收率很高。因为波长较长(频率较低)的红外光的光子能量较低,主要对金属中的自由电子发挥作用,使金属的反射率高;而波长较短(频率较高)的可见光和紫外光,其光子能量较高,可以对金属中的束缚电子发挥作用。束缚电子本身的固有频率正处在可见光和紫外光波段,它将使金属的反射率降低,透射率上升,呈现出非金属的光学性质。

正因为金属表面的反射率随激光波长的变化而变化,所以在激光加工中,为了有效地利用激光能量,应当根据不同的材料选用不同波长的激光。对于红外波段的 $10600\ nm$ CO_2 激光和 $1064\ nm$ YAG 激光,一般不能直接用于金属表面处理,需要在表面加吸收涂层或氧化膜层。材料对紫外波段的准分子激光吸收率高,因此准分子激光是理想的激光加工波段。由表 1.2.1 也可以看出,室温下金属表面对可见光的吸收率比对 $10600\ nm$ 红外光的吸收率高得多。

激光能量向金属的传输,就是金属对激光的吸收过程。金属中的自由电子密度越大,金属的电阻越小,自由电子受迫振动产生的反射波越强,则反射率越高。一般导电性越好的金属,其对红外激光的反射率越高。

在可见光和红外波段,大多数金属吸收光的深度均小于 $10\ nm$。当激光照射到金属表面时,激光与金属材料相互作用,作用区的表面薄层吸收了激光能量,在 $10^{-11}\sim10^{-10}\ s$ 范围内转换为热能,使表面温度升高,同时金属表面发生氧化和被污染,降低了金属表面的表面粗糙度。粗糙表面比光滑表面的吸收率高一倍。金属被加热到高温,并保持足够时间后,金属与环境介质将发生相互作用,使表面的化学成分发生变化。例如,含碳量较高的钢或铸铁,在氧化条件下,激光使其加热到高温,在表面层会产生一个非常薄的脱碳区。当金属表面覆盖有石墨、渗硼剂、碳、铬和钨等介质时,可以利用激光实现钢的渗碳、渗硼和激光表面合金化。在对金属表面进行处理后,如用阳极氧化处理铝表面,可以使铝对 10600 nm CO_2 激光的吸收率接近 100%。

（4）非金属材料对激光的吸收。一般情况下,塑料、玻璃、树脂等非金属材料对激光的反射率较低,表现为高吸收率。非金属材料的导热性很弱,在激光作用下,不是依靠自由电子加热。长波长（低频率）的激光照射时,激光能量可以直接被材料晶格吸收而使热振荡增强。短波长（高频率）的激光照射时,激光光子能量高,激励原子壳层上的电子通过碰撞传播到晶格上,使激光能量转换为热能被吸收。

一般非金属材料表面的反射率比金属表面的反射率低得多,也就是进入非金属中的能量比金属的多。有机材料的熔点或软化点一般比较低,有的有机材料吸收光能后内部分子振荡加剧,使通过聚合作用形成的巨分子又解聚,部分材料迅速汽化,激光切割有机玻璃就是例子。木材、皮革、硬塑料等材料经过激光加工,被加工部位边缘会碳化。玻璃和陶瓷等无机非金属材料的导热性很差,经过激光作用时,因加工区很小,会沿着加工路线产生很大的热应力,使材料产生裂缝或破碎。线胀系数小的材料不容易破碎,如石英等;线胀系数大的材料就容易破碎,如玻璃等。

在激光加工中,激光器的谐振腔镜、聚焦光学系统的光学元件等都是激光光学材料。根据所用激光波长的不同,应选用不同的光学材料。表 1.2.1 所列的如砷化镓（GaAs）、硒化锌（ZnSe）、氯化钠（NaCl）、氯化钾（KCl）、锗（Ge）、蹄化镉（CdTe）、溴化钾（KBr）等材料都可以用作红外激光腔输出镜,因为它们对大部分红外激光都是透明的。

激光谐振腔镜或激光加工光学系统的破坏阈值与激光的功率密度、材料的特性、使用条件等有关。造成材料破坏的原因主要是热效应和应力。为了提高激光谐振腔镜和光学元件的反射率或者透射率,常在光学材料上用物理或化学的方法涂敷透明的电介质薄膜,如氟化镁（MgF_2, $n=1.38$）等用于增透射,硫化锌（ZnS, $n=2.34$）等用于增反射。这些膜层材料在强激光的作用下也会被破坏。此外,激光谐振腔镜和光学元件还会因为吸收部分激光能量而发热,产生热变形,因而改变其透镜的曲率半径,即产生热透镜效应,改变激光束的发散角和有关参数,影响激光加工的质量。

（5）半导体材料对激光的吸收。半导体材料的性质介于导体（金属）和绝缘体之间。半导体材料中承载电流的是带负电的电子和带正电的空穴,其物理、化学等基本性质是由半导体的电子能谱中的导带、价带和禁带决定的。

原子中的电子以不同的轨道绕原子核运动,其能量是一系列分立值,称为能级。晶体中原子的电子状态受其他原子的影响,其能量值很靠近,形成一个能量范围,许多能量很靠近的能级组成能带。对于纯净半导体（本征半导体）如硅（Si）、锗（Ge）等,电子运动的能量被限制在某些能带内。

在半导体中,由于热激发能产生载流子,即使中等强度的远红外激光照射,也可以产生很高的自由载流子密度,因此吸收率随温度升高而升高的速度很快。有的半导体材料对可见光不透明,但是对红外光相对透明,原因是半导体带间吸收在可见光区,而在红外区表现为弱吸收。因此,采用激光对半导体材料退火,应当采用波长较短的激光。

激光与半导体材料相互作用时,除了与激光参数有关外,还与半导体材料的晶体结构、导电性等因素有关,这些因素直接影响激光作用下半导体的破坏阈值。例如,用波长为

694.3 nm、脉宽为 0.5 μs、能量密度为 1～80 J/cm^2 的脉冲红宝石激光照射半导体材料,硅(Si)的破坏阈值为 17 J/cm^2,硒化镉(CdSe)的破坏阈值仅为 1 J/cm^2,其他半导体材料的破坏阈值均低于 10 J/cm^2。

当激光达到一定强度时,激光的作用会使半导体材料产生裂纹,这种裂纹所需的激光脉冲能量与半导体材料的导电性有关,材料的电阻越小,所需的激光脉冲能量越大。当用波长为694.3 nm、脉宽为 3～4 ms、功率密度为 $4×10^5$ W/cm^2 的脉冲红宝石激光照射砷化镓(GaAs)、磷化镓(GaP)等半导体材料时,可观察到半导体化合物的解离。这是在激光作用下,半导体化合物发生热分解,温度高于半导体化合物的熔点,致使激光作用区产生新月形凸起,附近出现金属液滴。控制激光参数,可以在半导体化合物表面得到任意形状的金属区。

4. 反射率

对于大部分金属来说,反射率在 70%～90% 之间。当激光由空气垂直入射到平板材料上时,根据菲涅耳公式,反射率为

$$R = \left| \frac{n-1}{n+1} \right|^2 = \frac{(n_1-1)^2 + n_2^2}{(n_1+1)^2 + n_2^2} \tag{1-3}$$

式中:n_1 和 n_2 为材料复折射率的实部和虚部,非金属材料的虚部为零。

实际上,金属对激光的吸收还与温度、表面粗糙度、有无涂层、激光的偏振特性等诸多因素有关。金属与激光相互作用的过程中,光斑处的温度上升,引起熔化、沸腾和汽化现象,导致电导率的变化使反射率发生很复杂的变化。

媒质表面的反射率既与光波的入射角有关,又与光波的偏振态有关。若入射的激光为垂直于入射面的线偏振光,反射率 R 随入射角的增大而增大,则吸收率 α 随入射角的增大而减小;若入射的激光为平行于入射面的线偏振光,反射率 R 随入射角的增大而减小,则吸收率 α 随入射角的增大而增大,当达到布儒斯特角时,反射率 R 为零,吸收率 α 最大。这一特点可以应用于不加涂层而直接用激光对材料进行表面处理。对于不同的材料,由于折射率 n 的不同,所以有不同的布儒斯特角。在 CO_2 激光器输出的 10600 nm 激光照射下,几种金属的反射率与材料温度的关系如图 1.2.4 所示。

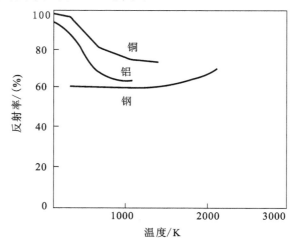

图 1.2.4　金属的反射率与材料温度的关系

一般情况下,材料的表面越粗糙,反射率越低,材料对光的吸收越强。而且在激光加工过程中,由于激光对材料的加热存在表面氧化和污染,所以材料对光的吸收将进一步加强。

5. 材料的熔化和汽化

激光照射引起的材料破坏过程:由于靶材(被加工材料)在高功率激光照射下表面达到熔化和汽化温度,使材料汽化蒸发或熔融溅出;同时靶材内部的微裂纹与缺陷由于受到材料熔凝和其他场强的影响而进一步扩展,从而导致周围材料的疲劳和破坏的动力学过程。激光功率密度过高,材料在表面汽化,不在深层熔化;激光功率密度过低,则能量会扩散到较大的体积内,使焦点处熔化的深度很小。

一般情况下,被加工材料的去除是以蒸气状和熔融状两种形式实现的。如果功率密度过高且脉冲宽度很窄,材料会局部过热而引起爆炸性的汽化,此时材料完全以汽化方式去除,几乎不会出现熔融状态。

非金属材料在激光照射下的破坏效应十分复杂,而且不同的非金属材料其差别很大。一般来说,非金属的反射率很小,导热性也很差,因而进入非金属材料内部的激光能量就比金属的多得多,热影响区却很小。因此,非金属受激光高功率照射的热动力学过程与金属的十分不同。实际激光加工时有脉冲和连续两种工作方式,它们要求的激光输出功率和脉冲特性也不尽相同。

6. 激光等离子体屏蔽现象

自然界中的物质随温度的升高有四种变化状态:固态、液态、气态和等离子体。固态、液态和气态统称为凝聚态。等离子体是由大量的自由电子和离子组成的电离气体,自由电子和离子所带的正负电荷大体上可相互抵消,整体上呈近似电中性。根据气体电离的程度,等离子体可分为完全电离的高温等离子体和部分电离的等离子体等两类。由激光照射产生的等离子体称为光致等离子体。等离子体可以与外界光波场产生强烈的相互作用。

如前所述,激光作用于靶表面,引发蒸气,蒸气继续吸收激光能量,使温度升高,最后在靶表面产生高温高密度的等离子体。这种等离子体向外迅速膨胀,在膨胀过程中,等离子体继续吸收入射激光,无形之中等离子体阻止了激光到达靶面,切断了激光与靶的能量耦合,这种效应称为等离子体屏蔽效应。等离子体屏蔽现象是激光与材料相互作用过程研究的重要方面之一。

等离子体吸收大部分入射激光,不仅减弱了激光对靶面的热耦合,同时也减弱了激光对靶面的冲量耦合。当激光功率较小($<10^6$ W/cm^2)时,产生的等离子体稀疏,它依附于工件表面,对激光束近似透明。当激光束功率密度为 $10^6 \sim 10^7$ W/cm^2 时,等离子体明显增强,表现出对激光束的吸收、反射和折射作用。这种情况下,等离子体向工件上方和周围的扩展较强,在工件上形成稳定的近似球形的云团。当功率密度进一步增大到 10^7 W/cm^2 以上时,等离子体强度和空间位置呈周期性变化,如图 1.2.5 所示。

凝聚态物质在强激光的作用下,表面薄层吸收相当数量的激光能量,使表面层温度迅速上升,变为蒸气,靠近材料表面薄层的蒸气被部分电离。表面层的热量也向内部扩散形成热影响层,但热影响层对入射激光的吸收远小于表面层的,致使表面层蒸气的温度继续迅速升高,形成等离子体。同时,蒸气等离子体按照黑体辐射规律向外辐射大量的紫外光,被加工材料对这种辐射的吸收率比对激光(尤其是对红外光)的吸收率高,可由 10% 增至 30% ～

50%。若等离子体紧贴材料表面,实际上材料吸收的光能将增加,这对激光焊接、冲击硬化、合金化等激光加工比较有利。

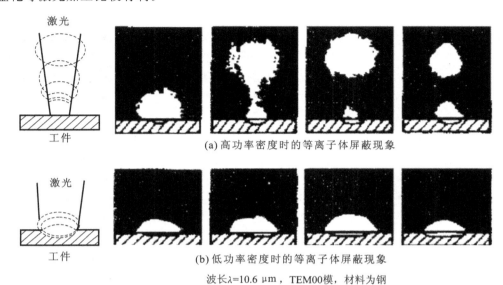

(a) 高功率密度时的等离子体屏蔽现象

(b) 低功率密度时的等离子体屏蔽现象

波长$\lambda=10.6\ \mu m$,TEM00模,材料为钢

图 1.2.5 等离子云的变化过程

当激光功率密度为 $10^6 \sim 10^7\ \mathrm{W/cm^2}$ 时,等离子体温度升高,对激光的吸收增强,高温等离子体迅速膨胀,沿着入射光的反方向传播,将材料屏蔽,入射激光不能进入材料表面上,汽化过程停止。而沿着入射光的反方向传播的等离子体扩散到材料表面上方,温度和密度均不断下降,变成透明的,激光又可以进入材料表面上,又产生等离子体,这种等离子体的产生和屏蔽呈现周期性,使激光加热材料表面过程周期进行。这种过程对于激光焊接是不利的,由于氦的电离能较高,不易击穿,所以常采用氦气作为保护气体。

当激光功率密度高于 $10^7\ \mathrm{W/cm^2}$ 时,激光作用区周围的气体可以被激光击穿,击穿的等离子体一般以超声吸收波的形式沿着入射光的反方向传播,并将材料完全屏蔽,使强红外激光能量不能继续进入材料中。

当功率密度高到 $10^9 \sim 10^{10}\ \mathrm{W/cm^2}$ 时,由于温度相当高,等离子体的光学密度随辐射强度的增加而增加,材料完全被电离时,电离程度不再增加。因此,足够热的等离子体对激光辐射是透明的,激光能量又可以传输给被加工材料。

高功率焊接时,如果产生的等离子体尺寸超过某一特征值,或者脱离工件表面,则会出现激光被等离子体屏蔽的现象,以至中止激光焊接过程。等离子体对激光的屏蔽机制有三种:吸收、散射和折射。逆光致辐射是等离子体吸收的主要机制。例如,CO_2 激光在氩气保护下焊接铝材时,光致等离子体的平均线性吸收系数为 $0.1 \sim 0.4\ \mathrm{cm^{-1}}$。$CO_2$ 激光击穿氩等离子体时对激光的最高吸收率为 40%。在氩气下 CO_2 激光作用于铝靶,当激光功率为 5 kW 时,等离子体对激光的吸收率为 20.6%;当激光功率为 7 kW 时,等离子体对激光的吸收率为 31.5%。

等离子体对激光的散射是由蒸发原子的重聚形成的超细微粒导致的,超细微粒的尺寸与气体压力有关,其平均大小可达 80 nm,远小于入射光的波长。超细微粒引起的瑞利散射是等离子体屏蔽激光的又一个原因。

　　光致等离子体空间分布的不均匀将导致折射率的变化,从而使激光穿过等离子体出现散焦现象,光斑扩大,功率密度下降。这就是等离子体屏蔽激光的第三个原因。用一台 10 W 的波导 CO_2 激光器发射水平穿过 2 kW 多模激光束进行焊接时将诱导产生等离子体,测量有等离子体和无等离子体时的探测激光束的功率密度分布,可以发现激光束穿过等离子体后,其峰值功率密度的位置偏离了原来的光轴。

　　当激光束入射到光致等离子体时,激光束与光致等离子体要发生相互作用。等离子体吸收激光能量致使其温度显著上升,当温度上升到相当程度时,等离子体中将出现热传导,此时等离子体的密度、温度和速度等参数将发生变化,电子和离子的平衡状态将被破坏。

　　等离子体吸收光能可以通过以下三种机理中的任一种将能量传给材料:等离子体与材料表面的电子热传导;能被金属表面有效吸收的等离子体辐射的短波长光波;受等离子体压力的影响而被迫返回表面的蒸气的凝结。当传递给材料的能量超过因等离子体吸收造成的光损失时,等离子体增强耦合,加强材料对激光能量的吸收;反之,等离子体起屏蔽作用,降低材料对激光能量的吸收。

　　等离子体对激光的吸收与电子密度、蒸气密度、激光功率密度、激光作用时间、激光波长的平方成正比。例如,同一等离子体,对波长为 10600 nm CO_2 激光的吸收比对波长为 1064 nm YAG 激光的吸收高约两个数量级,比对波长为 249 nm 的准分子 KrF 激光的吸收高约三个数量级。因为吸收率不同,不同波长激光产生等离子体的功率密度也不同。例如,YAG 激光产生光致等离子体所需的功率密度比 CO_2 激光的高约两个数量级。因此,用波长相对短的 YAG 激光加工时,等离子体的影响较小;而用波长长的 CO_2 激光时,等离子体的影响较大。因此在激光焊接过程中,YAG 激光比 CO_2 激光不容易产生等离子体效应,而且应当控制激光的功率密度小于 10^7 W/cm^2,以降低等离子体的屏蔽作用。

　　等离子体与激光作用,还会出现一些非线性效应,如等离子体的折射率变化、等离子体表面二次谐波光发射等。

评价与收获

　　将本任务的评价与收获填入表 1.2.2 中。

表 1.2.2　任务的评价与收获

过 程 评 价				
评价内容	认知态度	多媒体使用情况	团队协作情况	参与程度	任务完成情况
评价等级					
收获与反思					

巩固与练习

　　1. 激光与材料的相互作用分为哪几个光学阶段?

　　2. 激光加工的特点有哪些?

　　3. 常用的激光加工机有哪些?各应用于哪些种类的激光加工?

　　4. 请简述光致等离子体的形成过程。

全球首台商用石墨烯飞秒光纤激光器诞生于国内

近日,我国泰州巨纳新能源有限公司研制的商用石墨烯飞秒光纤激光器问世,这也是全球首台商用石墨烯飞秒光纤激光器。同时,该激光器还创造了脉冲宽度最短(105 fs)和峰值功率最高(70 kW)两项石墨烯飞秒光纤激光器世界纪录,如图1.2.6所示。

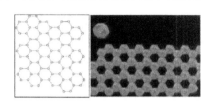

图1.2.6 石墨烯结构

飞秒光纤激光器的应用领域非常广泛,包括激光成像、全息光谱与超快光子学等科研应用,以及激光材料精细加工、激光医疗(如眼科手术)、激光雷达等领域。传统的飞秒光纤激光器核心器件——半导体饱和吸收镜(SESAM)采用半导体生长工艺制备,成本很高,且技术由国外垄断。

在飞秒光纤激光器领域,石墨烯被认为是取代SESAM的最佳材料。2010年,诺贝尔物理学奖获得者撰文预测,石墨烯飞秒光纤激光器有望在2018年左右产业化。要实现真正的产业化,需要解决高质量石墨烯制备、大规模低成本石墨烯转移、石墨烯与光场强相互作用、石墨烯饱和吸收体封装,以及激光功率稳定控制等一系列关键技术。泰州巨纳新能源有限公司经过多年持续研究,成功攻克了这些关键技术,率先实现了石墨烯飞秒光纤激光器的产品化,主要性能指标均高于同类产品,具有很高的性价比和很强的市场竞争力。

石墨烯光纤被命名为fiphene,取fiber(光纤)和graphene(石墨烯)两个词的组合。泰州巨纳新能源有限公司计划以fiphene为平台,推出更多石墨烯光纤激光器产品,将石墨烯光纤的应用发展向前推进。

项目2

激光标刻技术

【项目描述】

激光标刻是一种应用比较广泛的激光技术。本项目共有4个任务，主要学习激光标刻的原理，了解各种标刻机，知道影响激光标刻效果的工艺参数及调整方法。

【学习目标】

掌握激光器的基本结构，知道激光标刻的特点，理解激光标刻的方法；知道影响激光标刻质量的因素，了解激光标刻的工艺参数。

【能力目标】

学会用科学的方法探究光学现象的规律，养成与人合作的优良品质；能够正确使用激光标刻机标刻相关产品。

任务 1　激光标刻技术概述

任务要求

激光标刻作为一种现代工业加工技术,可以广泛地在各种金属和非金属表面加工文字、图案标记,如商标、条形码、公司注册图案等。日常生活中可以看到的如车票上的条形码(二维码)、手机按键、相机光圈、陶瓷产品商标、玻璃工艺品、皮革雕刻品等都使用激光标刻工艺进行加工,如图 2.1.1 所示。

任务要求

掌握激光标刻机的基本结构,知道激光标刻的特点,理解激光标刻的方法。

任务准备

1. 网上检索相关图片和视频,下载并编辑。
2. 多媒体及课件。

图 2.1.1　工件上的激光标刻案例

基本活动

一、激光标刻的基本原理

激光标刻是利用高能量密度的激光束照射在工件表面,光能瞬时转变成热能,使工件表面迅速产生蒸发,从而在工件表面刻出任意所需的文字和图形,以作为永久防伪标志的一种加工方法。

激光标刻是一种用激光束在各种不同的物质表面打上永久标记的技术。标刻的效应是通过表面物质的蒸发露出深层物质,或者通过光能导致表层物质的化学物理变化而"刻"出痕迹,或者通过光能烧掉部分物质显示出所需刻蚀的图形、文字。一般的金属材料做标记时,由于被烧蚀出的线条有几个微米以上的深度(宽度可达几微米甚至几十微米),因此线条的颜色及反光率将与原来的不一样,造成人眼目视反差效果,使人能感觉到这些线条(以及线条构成的形码、数字、图案、商标等)。对于玻璃,烧蚀出的这些线条有"闪光"效果;对于塑料,由于光化学反应及烧蚀作用,有目视反差及闪光效果。如果在材料表面涂上专门的有色物质进行标记加工,则有色物质就会固着(与材料发生高温烧蚀作用)在线条上而使它带颜色。

目前,公认的原理有以下两种。

(1) 热加工。具有较高能量密度的激光束照射在被加工材料表面上,照射区域内材料表面吸收激光能量,发生热激发过程,从而使材料表面(或涂层)温度上升,产生变态、熔融、烧蚀、蒸发等现象。

（2）冷加工。具有很高能量的（紫外）光子，能够打断材料（特别是有机材料）或周围介质内的化学键，致使材料发生非热过程破坏。这种冷加工在激光标记加工中具有特殊的意义，因为它不是热烧蚀，而是不产生"热损伤"副作用的、打断化学键的冷剥离，因而对被加工表面的里层和附近区域不产生加热或热变形等作用。例如，电子工业中使用准分子激光器在基底材料上沉积化学物质薄膜，在半导体基片上开出狭窄的槽。

二、激光标刻的特点

激光标刻包含以下特点。

（1）可对绝大多数金属或非金属材料进行加工。

（2）激光是以非机械式的"刀具"进行加工的，对材料不产生机械挤压或机械应力，无"刀具"磨损，无毒，很少造成环境污染。

（3）激光束很细，使被加工材料的消耗很小。

（4）加工时，不会像电子束轰击等加工方法那样产生 X 射线，也不会受电场和磁场的干扰。

（5）操作简单，使用微机数控技术能实现自动化加工，能在生产线上对零部件进行高效的加工，能作为柔性加工系统中的一部分。

（6）能使用精密工作台进行精细微加工。

（7）能使用显微系统或摄像系统对被加工表面状况进行观察或监控。

（8）可穿过透光物质（如石英、玻璃），对其内部零部件进行加工。

（9）可以利用棱镜、反射镜系统（对 Nd∶YAG 激光器还能用光纤导光系统）将光束聚集到工件的内表面或倾斜表面上进行加工。

（10）能标记条形码、数字、字符、图案等标志。

（11）这些标志的线宽可小到 12 μm、线深度可达 10 μm 以上，故能对"毫米级"尺寸大小的零件表面进行标记。

三、激光标刻的方法

激光标记是激光加工的一种，在目前的国内市场上，激光打标机可能是市场应用最广泛的激光设备。

目前，进行激光标记的基本方法有三种：掩模式标记法、点阵式标记法、扫描式标记法。

1. 掩模式标记法

掩模式标记法是 20 世纪 70 年代初采用的最早的激光标记方法。该方法就像用照相底版在印相纸上曝光印制照片一样，底版相当于掩模板。激光束经准直后呈平行光，射向掩模板（一般用耐高温的金属薄板等材料制作而成），其上有挖空（镂空、机械刻制或照相腐蚀出）的字符、条形码或图案，这些就是要在半成品、产品或包装袋上标记的字符、条形码或图案。激光束从挖空的字符、条形码或图案射出，经会聚透镜后在材料表面上形成按要求比例缩小的字符、条形码或图案，并在材料表面上烧蚀出字符、条形码或图案的像，如图 2.1.2 所示。

随激光束的功率密度大小和掩模制作的不同,一个激光脉冲就可标记出一个字符(条形码或图案),或一组字符(条形码或图案)。

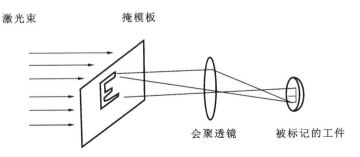

图 2.1.2 掩模式标记法

掩模式标记法的特点如下。

(1) 简单地将激光器、机械送进工件台,控制脉冲宽度,就能以手工或半自动化方式进行标记加工,而不需要整个完整的系统,即自己制作一台标记装置就可以进行加工,费用可减少。

(2) 加工效率比较高,因为脉冲宽度为微秒级,工件顺序排列在工件台上自动送进,标记时不会造成拖影或模糊。一次脉冲就可标记出一组字符(或条形码、图案),因此 1 min 最快能够对 1000 多个零件(半成品或产品、包装袋)进行标记(30 个/s)。慢的情况下为 1 个/3 s。

掩模式标记法的缺点如下。

(1) 需要制作掩模板(一种零件要制作一个),因而特别适合于大批量生产中对同一种产品进行标记(如电子元件、半导体集成电路、刮胡刀片、食品软包装袋、电子元器件及其包装塑料盒或塑料袋等),不能随产品变化而马上更改掩模板上的字符或图案(即灵活性差)。

(2) 掩模板要遮挡掉部分激光能量(估计有 60%~70%被掩模板反射或吸收),被掩模板反射的激光束会对会聚透镜及其他部件产生不利影响。为了克服此缺点,目前国外有人在激光器和掩模板之间安放镀膜偏振反射镜及一块 $\lambda/4$ 波片,使掩模板反射的激光能量(圆偏振)通过 $\lambda/4$ 波片之后变成平面偏振光,经镀膜偏振反射镜反射到另外一块平面反射镜上,此平面反射镜将此部分激光能量反射到掩模板上,从而提高了激光能量的使用效率。为了克服灵活性差的缺点,目前国外在使用电子计算机控制的激光标记机(或系统)上采用液晶掩模板,存储在随机存取存储器中的字符、条形码或图案可随意调出,并输入到液晶掩模板上。使用液晶掩模板时,字符、条形码或图案的刻线粗细、形状与人工刻制的金属掩模板上的字符、图案的刻线粗细、形状不同,液晶掩模板的字符类似电子手表或电子计算器显示的"七线段"数字、字母,而人工刻制的金属掩模板上的刻线粗细、形状与中、英文字体中的白体或黑体相似。

掩模式标记法与振镜法比较:掩模式标记法适合对小面积元件进行标记,速度快,但掩模制作复杂,不易变换字符、图案,不适合大面积标记;振镜法易于变换字符、图案,可以标记复杂图形甚至图像,但标记尺寸较大,标记速度比掩模式标记法的慢。

2. 点阵式标记法

使用一台或几台小型激光器同时发射脉冲,经反射镜和聚焦镜后,使一个或几个激光脉冲在被标记材料表面上烧蚀(熔化)出大小及深度均匀而细小的小凹坑(典型的 $d = 15\ \mu m$),每个字符、图案都是由这些小圆黑凹坑点构成的,一般是竖笔画7个点、横笔画5个点的 7×5 阵列,如图 2.1.3 所示。

图 2.1.3　点阵式标记法

3. 扫描式标记法

扫描式标记法将激光束入射在两个反射镜上,利用计算机控制扫描反射镜。这两个反射镜可分别沿 X—Y 轴扫描,在一个确定的面上打出数字、文字、图形。聚焦系统可先经过聚焦,再经反射镜射到工件上;或光束先经过反射镜,然后经聚焦镜再打在工件上。一般可标记出 50 mm×50 mm 或 100 mm×100 mm 的面积,可标记出各种文字字符、图案,甚至图像。标记面积可大可小。可同时标记几个小零件,也可以对一个零件标记出多种文字和图案。

4. 几种常见标刻方法的比较

几种常见标刻方法的比较如表 2.1.1 所示。

表 2.1.1　激光打标与其他标刻技术的比较

打标工艺	速　度	性　能	图像文字变更
激光振镜打标	快	好	易于变更
激光掩模打标	快	较好	不易变更
化学腐蚀	较快	好	不易变更
照相腐蚀	较快	好	不易变更
喷墨打印	快	较差	易于变更
机械压痕	快	较差	不易变更
熔模	快	好	不易变更
气动冲针	中速	较好	易于变更

评价与收获

将本任务的评价与收获填入表 2.1.2 中。

表 2.1.2　任务的评价与收获

过　程　评　价				
评价内容	认知态度	多媒体使用情况	团队协作情况	参与程度	任务完成情况
评价等级					
收获与反思					

巩固与练习

1. 请简述激光标刻的原理。
2. 请简述激光标刻的特点。
3. 请简述激光标刻的方法。

知识链接

我国成功研制的激光陀螺仪跻身世界前四

——激光陀螺及其军事应用

2015年,国内媒体报道了国防科技大学激光陀螺创新团队的先进事迹。该团队矢志不渝,三代人攻关43载,终于使我国成为继美、法、俄后,世界上第四个具备独立研制激光陀螺能力的国家,为我国打破国际垄断,在精确打击武器的导航定位、姿态测量与控制、精确制导、平台稳定等方面全面赶超世界强国奠定了重要基础。不过,小陀螺如何与国防科技联系在了一起,激光陀螺是什么,许多人未必了解,如图2.1.4所示。

第一,激光陀螺用于为各类战机和精确打击武器提供导航和制导所需要的实时航向、速度、高度、姿态等空间位置信息。使战机能可靠飞行和灵活进行高速战术机动,并使精确打击武器的射程和命中精度得到很大提升。同时,它还为机动发射的弹道导弹、巡航导弹寻北提供方位基准,使它们能实现快速定位,准确地命中目标。

第二,为舰艇、潜艇和制导鱼雷提供航向、航深、航速和位置等基准数据,使它们不依赖于任何外部信息,就能独立地进行实时导航。

图2.1.4 激光陀螺仪构造

第三,作为稳定调节系统的重要组成部分。它能使坦克、装甲车等陆地战车在行进中实时感知车体上仰和下俯等动作,自动将火炮和机枪等武器稳定在原定方向和位置,保证武器瞄准和射击时不受车体行进过程的影响。

第四,作为航天器姿态和轨道控制系统的重要组成部分,它能协助卫星保持正确姿态,使其天线波束始终对准地球覆盖区,准确完成对地面转发和传播的信号,以及对地面目标的探测。

第五,用于运载火箭的惯性制导系统中。它能简化导引和控制系统结构,减小火箭的控制难度,增强火箭的飞行稳定性,同时降低火箭的发射重量,提升火箭的运载能力,提高航天器的入轨精度,以及提升机动性和变轨能力。

激光陀螺在军事应用上具有很重要的作用,随着技术的进步,它的性能将会越来越好,可完全替代传统的机电陀螺,在惯性导航定位、制导系统,以及姿态控制和稳定系统中能更好地体现和发挥核心作用,能提升它们的导航定位、姿态控制、精确制导等能力,能大幅提升以导弹为代表的精确打击武器的战斗力。

任务 2　激光标刻工艺

任务场景

采用化学腐蚀、机械冲压、喷码打印、机械雕刻等方法标刻出来的文字、图案、图形具有一定的局限性。目前,激光标刻工艺,其自动化控制速度快、精度高,是一种最好的标刻工艺,如图 2.2.1 所示。

任务要求

1. 知道影响激光标刻质量的因素。
2. 了解激光标刻工艺参数。

任务准备

1. 网上检索相关图片和视频,下载并编辑。
2. 多媒体及课件。

图 2.2.1　激光标刻的螺旋测微器部件

基本活动

一、影响激光标刻质量的因素

激光标记的文字、图案是否清晰美观,除了与设备本身的性能有关外,很大程度上还取决于激光标记采取的工艺方法是否合适。下面从几个方面介绍影响激光标刻效果的相关因素。

1. 设备参数影响

振镜式激光标刻机的主要参数有激光波长、激光功率、标刻线宽、直线扫描速度、标刻深度、重复精度、标刻范围等。激光功率的大小决定了设备加工能力的大小,激光功率大的设备更容易达到高的加工要求。标刻线宽和重复精度影响激光标刻的精细度和精密度。一般来说,标刻范围大的设备其适用范围更广,同时,该设备标刻同样大小图案的效果比标刻范围较小的设备的效果更佳。更深的标刻深度对激光器的要求更高,反过来说,标刻深度更深的设备更易获得良好的加工效果。直线扫描速度则直接影响加工的效率。

实际上,激光标刻机所用的激光器的种类对激光标刻效果的影响是极大的,如采用同为 CO_2 激光的封离式与射频激励式激光器的标刻机、波长同为 $1.06\ \mu m$ 的灯泵 YAG 激光器与光纤激光器的标刻机,两组设备中后者的标刻效果要优于前者。

2. 激光参数影响

激光参数是激光标刻最重要的影响因素之一,主要包括激光波长、激光功率、激光模式、光斑半径、模式稳定性等。

激光波长影响该标刻机的加工对象范围,更短的激光波长利于金属材料对能量的吸收,同时利于聚焦成更小的光斑,得到加工所需的更大功率(能量)密度。

激光标刻更倾向于使用低阶模激光,低阶模激光束犹如一把更为锋利的"激光刀",在工件表面"刻"下较深的痕迹,同时标刻的文字和图案会更精致。TEM_{00}模式是激光标刻机的最佳选择。

光斑半径越小,激光功率(能量)越集中,标刻能力越强,刻线更精细。模式稳定性影响加工质量的稳定性。

3. 加工参数影响

标刻速度、激光器输出功率、焦点位置、脉冲频率和脉冲宽度则是影响激光标刻的加工参数。

标刻速度影响光束与材料的作用时间,在激光器输出功率一定的情况下,过低的速度会导致热量的过量输入,从而使金属材料在激光作用区产生锈蚀、非金属材料产生熔化甚至碳化、脆性材料开裂,较低的速度可以产生较大的标刻深度。

在焦点位置不变的情况下,激光器输出功率和标刻速度共同决定标刻时的热输入量。

经过聚焦的激光束如图2.2.2所示,应使工件标记表面位于焦深范围内(1~2 mm),此时激光功率密度最大,激光刻蚀效果最好。对于固体标刻机,通常通过调节升降台观察金属板标刻区热

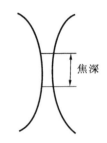

图2.2.2 焦深与激光束

辐射光的亮度和通过标刻声音的清脆度来识别工件表面是否在焦深范围内,标刻面在焦深范围时,光亮强且声音清脆。有时为了达到特殊标记效果,可通过正离焦和负离焦来实现。

在激光电源输出电流一定的情况下,降低声光开关的调制频率和脉宽可提高激光峰值功率(平均功率下降)。激光峰值功率较高,容易在工件表面形成"刻蚀"的效果;同样,提高频率和脉宽可以降低峰值功率(平均功率提高)。激光峰值功率较低,容易在工件表面形成"烧蚀"的效果。

4. 材料因素影响

影响激光标刻的材料因素主要有材料表面反射率、材料表面状态、材料的物理化学特性、材料种类。材料表面反射率、材料表面状态会影响材料对激光能量的吸收;材料的物理化学特性会影响激光与材料相互作用时的理化过程,如材料的熔点、沸点、比热容、热导率等。

二、激光标刻质量评价

激光标刻的目的是造成一种目视反差,在多数场合,判断激光标刻质量的方法是,凭肉眼观察,往往只要取得客户的认可即可。因此,至今为止,行业内尚未有统一的激光标刻质量标准。但这并不代表激光标刻质量没有差别,无法评价。激光标刻质量大体可以从以下几个方面评价:一是标刻深度是否符合要求;二是边缘是否清晰;三是尺寸是否准确;四是标刻区域是否一致(如颜色、深度、边缘清晰度等),如果是去除性标刻,则可查看标刻区新露出的材料是否新鲜等。

三、影响激光标刻效果的工艺参数及调整

1. 振镜的像场失真的影响

激光振镜打标是一种方便快捷的打标方式,打标速度快,图形、文字更换方便,全部由计算机控制,配用 CO_2 气体激光器或 YAG 固体激光器,可以分别在非金属材料表面或金属材料表面打标。

在整个振镜打标系统中虽然配备了 $f\text{-}\theta$ 聚焦镜,起到了平场作用,但是,振镜式打标方式加工出来的图形、文字还是有一定的失真。图 2.2.3 展示了由振镜的转动引起的打标范围内边缘部分与中心路径长度不同而产生的枕形失真,振镜的转动角度越大,失真也越大。

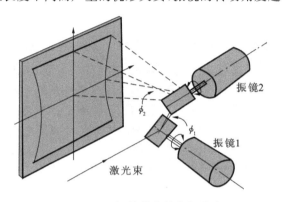

图 2.2.3　振镜带来的像场失真

$f\text{-}\theta$ 聚焦镜在聚焦过程中的平场作用,使得图形又会发生变化,焦点在球面上的清晰图形通过平场镜转移到工件平面上,由于平场镜转移引起的失真称为桶形失真。如果对打标图形有严格的精度要求,则必须采用修正补偿办法。机械结构或光学系统很难修补这两种误差,只有采用软件方法才能实现正确的误差修正。试验测定第一象限的补偿量,在 X、Y 坐标内均以一定尺寸为间隔,作出棋盘式坐标网格,坐标圆点在图形中心,可采用叠加补偿系数的方法进行校正。软件将补偿量增加进去,使光斑路道图形与实际要求的位置吻合。

2. 激光信号开关的调整方法

进行向量打标时,计算机可根据向量图形的要求在需要打标时发出命令,振镜按照图形需要向特定方位扫描,同时对激光器发出开光信号,这段时间,振镜的扫描使激光光斑沿图形设定的曲线运动,同时在工件上打出图形痕迹,在一段图形打标完毕后,从图形末端开始,计算机发出跳转命令,使振镜快速移动到下一个图形始端,在跳转命令执行阶段,激光器不出光,振镜快速运动,使激光光斑跳到下一个需要打标图形始端,跳转速度加快是为了减少整个加工过程中所需的时间。

检流计式振镜反应灵敏,便于控制,能够打出质量很高的文字图像,这是经过试验调整后才达到的高质量效果。因为有很多因素会影响打标效果,首先应考虑振镜的重量虽轻,但还是有一定的惯性,当振镜由静止状态开始运动时,由于惯性的作用,振动角速度达不到预定值,此时激光打开,在图形始端会出现火柴头现象,如图 2.2.4 所示。遇到这种情况,需要对计算机发出信号给予调整,也就是开启激光信号要比开启振镜扫描信号有适当的延迟,这就可消除火柴头现象。

　　如果开启激光信号比开启振镜扫描信号延迟太久,则会出现图形始端有部分被吃掉的现象,如图 2.2.5 所示。还有一种现象,就是这种被打标加工的材料吸收激光波长的能量不好,为了打上标记,需要提前照射一段时间,因而在打标位置之前要提前对图形开始预热,这种情况的设备开启激光时间要比正常出光时间提前,这种情况过多,打标加工图标所需的加工时间就延长。为了消除火柴头现象,把开启激光时间延迟,就不会影响总的加工时间。

图 2.2.4　有火柴头现象的情况

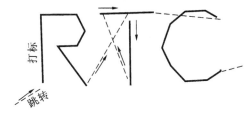

图 2.2.5　打标始端缺损的情况

　　为了提升打标质量,每次关断激光的时刻,也需要进行分析,只有参数设置适当,才能得到高质量的产品。由于振镜有一定的惯性,加速阶段需要一定的时间,振镜设定值与实际值之间会产生偏差,扫描头尚未到达所需位置,所以此时激光器不要立刻关闭,要加一段时间的延迟。图 2.2.6 表示的就是没有增加延迟的情况。当对关闭激光时间有恰当延迟时,所得图形文字完整无缺。当振镜已经停止运动,或者已经处于慢速运动,而激光器仍处于出光状态时,才造成火柴头现象,如图 2.2.7 所示,每次扫描末尾都有一个火柴头的圆点,表明激光关闭得太晚了。

图 2.2.6　没有增加延时打标末端缺损的情况

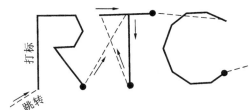

图 2.2.7　关闭激光器延迟过晚的情况

　　振镜的快速跳转与扫描信号之间的关系也需要进行正确调试,由于跳转速度很快,因此振镜快速跳转到扫描起始位置的时刻,镜片还有些抖动。如果这时立刻开始打标扫描射出激光束,则工件起始端上可能出现抖动的线条,如图 2.2.8 所示。这需要在跳转动作完成后稍微延迟一段时间,再开始出光扫描进行打标加工,以消除这种抖动现象。反之,跳转动作结束后,扫描延迟过多也会出现问题。图 2.2.9 表示扫描延迟时间过长时,文字笔画始端消除了抖动现象,但是笔画末端出现多余拖尾,若出现这种情况,就要对扫描延迟的数值进行调整。

图 2.2.8　始端有抖动的情况

图 2.2.9　末端有拖尾的情况

评价与收获

将本任务的评价与收获填入表 2.2.1 中。

表 2.2.1　任务的评价与收获

过 程 评 价				
评价内容	认知态度	多媒体使用情况	团队协作情况	参与程度	任务完成情况
评价等级					
收获与反思					

巩固与练习

1. 请叙述影响激光标刻质量的因素有哪些。
2. 如何调整影响激光标刻效果的工艺参数?
3. 消除火柴头现象的途径是什么?
4. 请列举激光标刻应用的几个实例。

知识链接

工业 4.0 时代:激光机器人势成必然

在"工业 4.0 时代"背景下,我国工业机器人的应用正悄然出现拐点。据统计,2013 年,我国工业机器人的销量达到了 3 万多台,同比增长 60%,已超过日本的销量而成为全球第一机器人大国。

有业内人士介绍,"现在的年轻人不愿意从事简单的重复劳动,机器人替代人工将成为以后发展的重要趋势"。工业机器人具有重复性精确生产的特征,适应制造业中规模化批量生产的要求,装配在生产线上代替人工作业,不仅解除了工人繁重的重复劳动,而且提高了生产质量。它可以流动作业,适应个性化的生产需求。

目前在汽车产业中,激光机器人已成为最先进的制造技术,获得了广泛应用。德国大众汽车公司、美国通用汽车公司、日本丰田汽车公司等汽车装配生产线上,已大量采用激光机器人代替传统的电阻点焊设备,不仅提高了产品质量和档次,而且减轻了汽车车身重量,节约了大量材料,使企业获得了很高的经济效益。在中国,不少汽车公司也引进了激光机器人进行加工。

激光机器人加工系统既具有机器人运动灵活、柔性高的特点,又具有激光的加工速度快、质量好、热影响小等优点,很好地满足了现代制造业发展的要求;同时三维激光切割焊接机器人不仅在技术上能够满足复杂三维切割焊接的要求,而且有助于提高工业产品的质量,还能降低生产成本,给企业带来了巨大的经济效益。

一直以来,工业机器人应用最为广泛的是汽车制造业,如今,机器人制造企业正努力向其他领域拓展。此前,工业机器人主要替代重体力劳动和复杂劳动,以解决人力在恶劣环境下作业的问题;而现在正转向简单重复的、大量使用劳动力的领域。相关部门也已经注意到智能化所带来的制造业变革,国家层面对智能制造的政策持续加码。在中国传统制造业面临智能化转型升级的背景下,激光加工进入机器人时代已成必然。

任务 3　金属名片和非金属名片的激光标刻

任务场景

名片为方寸艺术,设计出精美的名片能让人爱不释手。随着科技的发展和生活水平的提高,金属名片的使用越来越广泛,已经代替了传统意义上的纸质名片而出现在很多重要场合。金属名片的材质是铝钢合金,韧如钢,薄如纸,富有弹性,永不退色。分金色、银色、紫色、蓝色、粉色、黑色、茶色等多种颜色。有镂空花边型、玲珑女士型、镀金豪华型等众多款式,既显得新颖华丽,又显得高雅时尚。在全球化的今天,配备一张个性高档的金属名片能凸显企业文化的内涵,尽显持卡者的高雅尊贵,给人带来一种良好的视觉享受。图 2.3.1 所示的为一张金属名片。

图 2.3.1　金属名片

任务要求

1. 熟练掌握激光标刻软件标刻金属名片的方法。
2. 了解非金属材料名片的标刻加工方法。

任务准备

1. 网上检索相关图片和视频,下载并编辑。
2. 多媒体及课件。

基本活动

一、金属名片的标刻

1. 激光标刻流程

激光标刻流程如图 2.3.2 所示。

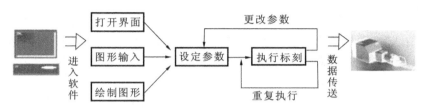

图 2.3.2　激光标刻流程

2. 金属材料的标刻

1）进入软件　以 MarkingMate 软件为例

MarkingMate 软件界面如图 2.3.3 所示，其界面与目前绝大多数软件的 Windows 风格的图形界面相似，非常友好，本处不多作介绍。

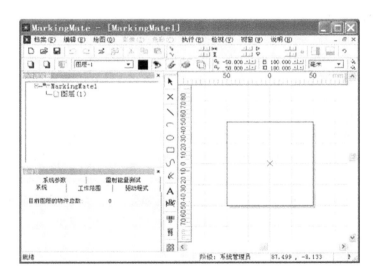

图 2.3.3　MarkingMate 软件界面

2）标刻内容的录入

标刻内容的录入或编辑有三种可能情况：绘制新图形、打开已有图形、打开其他格式的图形。打开已有图形的操作步骤：档案\打开界面；打开其他格式的图形的操作步骤：档案\汇入图形，后续步骤与其他软件的相似。这里主要介绍绘制新图形的方法。

绘制新图形的功能在"绘图"菜单，主要有三类：一类是简单图形，一类是文字，一类是条形码。"绘图"菜单的"矩阵"命令提供单元图形重复排列的矩形或圆形阵列，"自动化元件"

命令提供一些控制信号。

（1）简单图形的绘制。

简单图形包括点、线、弧、圆、矩形、曲线、手绘曲线。这里主要介绍线、弧、圆、矩形、曲线和手绘曲线的绘制方法。

① 线的绘制。

单击"绘图"菜单，然后单击"线"命令（后面简称为单击"绘图\线"）。或单击"绘图工具列"上的"\"按钮（后面其他简单图形也有这种按钮，不再重复叙述这种方式），再单击设定线的起点，然后移动鼠标光标，两次单击设定直线的终点，便可以得到一条直线；重复操作，会得到连续的线段，若想停止画线，则可右击来停止画线的功能。按下"\"键即可将目前的线段变成封闭形路径，并结束本功能。

② 弧的绘制。

单击"绘图\弧"，再单击设定弧的起点，再次单击，设定弧上的一点，最后再次单击设定弧的终点，便可绘制一段弧。要停止画弧，可右击来取消画弧的功能。按下"C"键即可将目前的弧变成封闭形路径，并结束本功能。

③ 圆的绘制。

单击"绘图\圆"，再单击设定圆的边界位置，移动鼠标光标至圆的另一边界后，再次单击，会自动画出一个填满此矩形边界区域的圆。要停止画圆，可右击来取消画圆的功能。此外，在画圆的同时，按下"Ctrl"键，就可得到一个正圆的图形。

④ 矩形的绘制。

单击"绘图\矩形"，再单击设定矩形的角点位置，移动鼠标光标到你所要的大小后，再次单击，两点所构成的区域会得到一个矩形。要停止画矩形，可右击来取消画矩形的功能。此外，在画矩形的同时，按下"Ctrl"键，就可得到一个正方形。

⑤ 曲线的绘制。

单击"绘图\曲线"，再连续单击点选或拖拉控制点，系统会画出通过这些控制点的曲线，欲停止绘制曲线，可右击，并结束本功能。按"C"键即可将目前的连续线段变成封闭形路径。

⑥ 手绘曲线的绘制。

单击"绘图\手绘曲线"，按下鼠标左键并任意拖动鼠标光标，依据鼠标光标移动的路径放开鼠标左键会得到一条曲线，若要停止绘制曲线，可右击，并结束本功能。

（2）文字的绘制。

① 直排文字的绘制。

单击"绘图\文字"，在工作范围上点选所要放置文字的位置后，输入所需的文字。完成输入后，右击，则会得到一个文字物件并结束本功能。

② 圆弧文字的绘制。

单击"绘图\圆弧文字"，在工作范围，单击设定圆弧路径中心位置，移动鼠标光标设定圆弧半径大小，再次单击，即可输入所需的文字。完成输入后，对话框中右击，则会得到一个圆弧文字物件，并结束本功能。

（3）条形码的绘制。

① 一维条形码的绘制。

单击"绘图\一维条形码",会出现一维条形码的对话框,在该对话框中输入条形码内容后,单击"确定"按钮,在工作范围内设置条形码的位置,单击,会得到一维条形码物件。

②　二维条形码的绘制。

单击"绘图\二维条形码",会出现二维条形码的对话框,在该对话框中输入条形码内容后,单击"确定"按钮,在工作范围内设置条形码的位置,单击,会得到二维条形码物件。

（4）其他格式图形的读取。

除了可以自己绘制图形外,还可以汇入其他标准格式的图像文件。可汇入的图形文件的类型有:.bmp、.emf、.png、.pcx、.dxf、.cmp、.fpx、.plt、.cal、.ico、.jpg、.ps、.clp、.wmf、.tif、.cur、.psd、.tga 等。汇入图形后,即可直接使用。汇入的图形,若是一个群组或组合物件,则可以使用"解散群组"或"打散"将其分离为多个物件,加以个别应用。

上述图形实质上又包括两类:一类称为影像,如.bmp、.jpg 等;一类称为线条,如.plt等。

3）图形内容的编辑

（1）利用"编辑"菜单命令。

①　组合。

将选取的多个物件组合成一个图形单位,将其所含的所有物件当成一个物件。使用此功能,图形单位所含的物件在填满的情况下,偶数物件重叠的部分不填满;奇数物件重叠的部分会被填满,如图 2.3.4 所示。

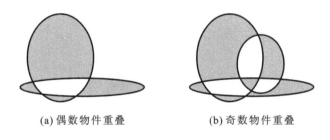

(a)偶数物件重叠　　　　　(b)奇数物件重叠

图 2.3.4　填充物件的组合

②　打散。

此功能可应用在被组合过的物件及文字上,将所选取的组合图形打散成数个物件,以便进行进一步的编辑。

③　群组。

可将选取的两个或更多物件归类,当成一个的单位。可以配合"Ctrl"键,任意点选群组内的物件,并修改物件个别的属性。

④　解散群组。

将选取的群组解散成原先的图形。

请注意组合与群组的区别,组合后的图形就是一个完整的图形,不管组合前各物件的属性是什么,组合后的属性就是曲线,不能对组合图形中的原物件进行独立的编辑。并且组合图形打散后,原物件一律变成曲线。比如,打散后的文字不能再按以文字对象编辑的方式对其内容进行更改。而群组图形中的各图形元素可以点选一个或多个进行独立编辑,且解散群组后原物件的属性不变。

⑤ 排序。

使用此功能的最重要目的是将一个图形单位中的散乱线段(端点不相连,见图 2.3.5(a))依照端点相连的原则,连接成较少的曲线,以达到排序的功用,如图 2.3.5(b)所示。

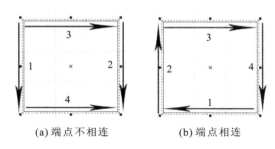

(a)端点不相连　　　　(b)端点相连

图 2.3.5　排序

⑥ 填入路径。

使用该功能,可以使文字按选取的方式(路径)排列。先选取要排列的文字,单击"编辑\填入路径",此时鼠标光标旁边出现一个"A"字(见图 2.3.6(a)),再单击欲指定为路径的图形,如直线、圆弧、曲线或其他图形,如图 2.3.6(b)所示。

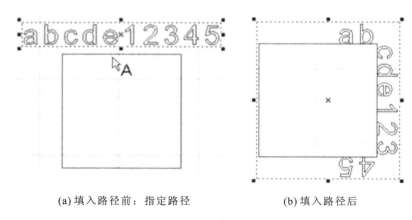

(a)填入路径前:指定路径　　　　(b)填入路径后

图 2.3.6　填入路径

⑦ 分离。

将一个已经填入路径的物件,如文字,与路径分离。

⑧ 转换成曲线。

非曲线的图形物件(如文字、矩形或其他图形等),无法显示节点功能。将非曲线的图形物件转换成曲线物件后,可以利用节点功能对其各节点进行调整或直接拖拉节点变成你想要的样子。转换成曲线功能仅对非影像的图形有效。节点功能如图 2.3.7 所示(图中空心小方框即为调节节点)。

⑨ 向量组合。

将选取的物件组合成一个图形单位,再将所选取图形中的相互交叠部分的线段消除,只剩下一个封闭的图形。本功能仅

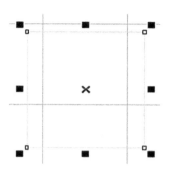

图 2.3.7　节点功能

对非影像的图形有效,如图 2.3.8 所示。

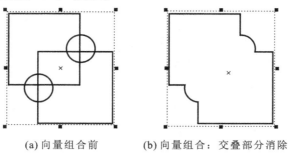

　　　(a) 向量组合前　　　(b) 向量组合:交叠部分消除

图 2.3.8　向量组合

⑩ 影像边框。

选取影像图片的图形边框,会出现如图 2.3.9 所示的对话框。需指定转换误差值(最大为 0),以获得正确的图形,功能结束后,变成一般图形,原有的影像与色彩有关的功能均无效,将会看到有许多线段显示在原影像图形上,这时必须先使用打散的功能才能获得这些边框。图 2.3.10 所示的是选取影像边框的例子。

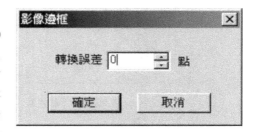

图 2.3.9　"影像边框"对话框

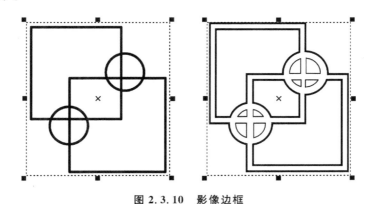

图 2.3.10　影像边框

(2) 利用"属性表"。

选定任一物件,可调出相应的属性表,属性表中有与物件名称相应的标签,在该标签中可以对物件的一些特性进行编辑,如图 2.3.11 所示。

(3) 利用"尺寸工具列"。

尺寸工具列的画面如图 2.3.12 所示,其功能如下。

位移:用于设定相对\绝对位置,将物件复制或移动至设定点。

旋转:用于设定旋转角度及旋转中心位置。

倾斜:用于设定水平\垂直\倾斜的角度。

缩放:用于设定物件放大、缩小的方向及比例。该功能可以精确控制图形的大小。

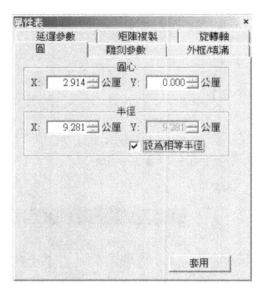

图 2.3.11　属性表

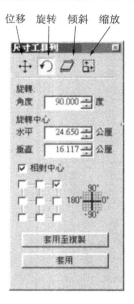

图 2.3.12　尺寸工具列

4）标刻参数设定

调出物件属性表，每个物件可以设定不同的标刻参数，每个物件可选择多次加工，每次加工的参数也可不同。需要设定的参数涉及"雕刻参数"和"外框/填满"两个标签，如图2.3.13所示。

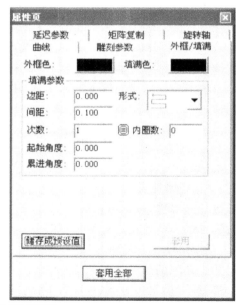

图 2.3.13　物件"属性页"

在"雕刻参数"标签下，主要设置的标刻参数有速度、频率、雕刻次数、脉波宽度，用于确定是否选择"外框"和"填满"标刻方式。对于影像的点雕刻方式，还要设置"点雕刻时间"。在"外框/填满"标签下，主要设置的参数有边距、间距、次数及形式。

对于固体激光标刻机,实际上还有两个重要的标刻参数不由软件调整,一是激光功率,二是标刻焦点位置。

5)标刻预览

标刻预览用于确定标刻位置。

6)执行标刻

如图 2.3.14 所示,注意"雕刻模式"的两个单选项的选择,它可确定雕刻物件的范围。

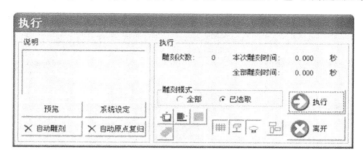

图 2.3.14 雕刻模式选择

7)重复执行

根据标刻情况调节标刻参数,直至达到满意的标刻效果为止。

二、非金属材料名片的标刻加工

非金属材料的标刻加工流程与金属材料的标刻加工流程类似,本节主要介绍激光标刻机常用的另一种典型标刻软件——EzCAD2。

1.软件的主要功能

EzCAD2 软件具有以下主要功能。

(1)自由设计所要加工的图形或图案。

(2)支持 TrueType 字体、单线字体(JSF)、点阵字体(DMF)、一维条形码和 DataMa-trixdeng 等二维条形码。

(3)灵活的变量文本处理,加工过程中实时改变文字,可以直接动态读/写文本文件和 Excel 文件。

(4)强大的节点编辑功能和图形编辑功能,可进行曲线焊接、裁剪和求交运算。

(5)支持多达 256 支笔,可以为不同的对象设置不同的加工参数。

(6)兼容常用图像格式(.bmp、.jpg、.gif、.thg、.png、.tif 等)。

(7)兼容常用的向量图形(.ai、.dxf、.dst、.plt 等)。

(8)常用的图像处理功能(灰度转换、黑白图转换、网点处理等),可以进行 256 级灰度图片加工。

(9)强大的填充功能,支持环形填充。

(10)多种控制对象,用户可以自由控制系统与外部设备交互。

(11)开放的多语言支持功能,可以轻松支持世界各国语言。

2.软件主界面

软件主界面如图 2.3.15 所示。

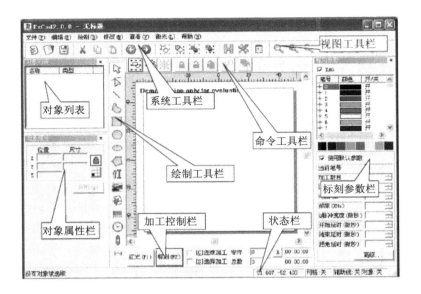

图 2.3.15 软件主界面

3. 部分软件功能介绍

1) 获取扫描图像

"文件\获取扫描图像"子菜单用于从 Twain 设备中读取图像。选择该命令后,会弹出如图 2.3.16 所示的对话框,要求选择 Twain 设备(所列出的设备是在你的电脑上已经安装过的合法的 Twain 程序)。当选定了 Twain 设备后,系统会出现对应的 Twain 图像处理对话框,你可以选择对应的图像输入(该对话框根据设备的不同而有所不同,可参照相应的设备操作说明)。

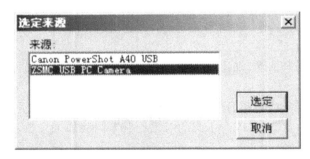

图 2.3.16 获取扫描图像

2) 位图

如果要输入位图,则可在绘制菜单中选择"位图"命令,此时系统会弹出如图 2.3.17 所示的对话框,并要求用户选择要输入的位图。

当前系统支持的位图格式有:.bmp、.jpeg、.jpg、.gif、.tga、.png、.tiff、.tif。

显示预览图片:当用户更改当前文件时,会自动显示当前文件的图片在预览框里。

放置到中心:把当前图片的中心放到坐标原点上。

图 2.3.17 位图文件打开对话框

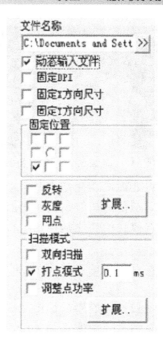

图 2.3.18 位图属性工具栏

用户输入位图后,图 2.3.18 所示的属性工具栏将显示该位图参数。

动态输入文件:指在加工过程中是否重新读取文件。

固定 DPI:指由于输入的原始位图文件的 DPI 值不固定,可以强制设置固定的 DPI 值。DPI 值越大,点越密,图像精度越高,加工时间就越长。DPI 是指每英寸多少个点。

固定 X 方向尺寸:输入位图的宽度固定为指定尺寸,如果不是,则自动拉伸到指定尺寸。

固定 Y 方向尺寸:输入位图的高度固定为指定尺寸,如果不是,则自动拉伸到指定尺寸。

固定位置:当动态输入文件的时候,如果改变位图大小,则以哪个位置为基准不变。

反转:将当前图像每个点的颜色值取反,如图 2.3.19 所示。

灰度:将彩色图形转变为 256 级的灰度图,如图 2.3.20 所示。

图 2.3.19 反转颜色,左图为原图

图 2.3.20 彩色图像和灰度图像,左图为原图

网点:类似于 Adobe PhotoShop 中的"半调图案"功能,使用黑白两色图像模拟灰度图像,用黑白两色通过调整点的疏密程度来模拟出不同的灰度效果,如图 2.3.21 所示(图中竖白条为显示问题,加工时不会出现)。

单击图像处理的"扩展"按钮,会弹出如图 2.3.22 所示的"位图"对话框。

　　　　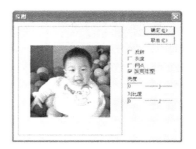

图 2.3.21　网点处理,左图为原图　　　　　图 2.3.22　"位图"对话框

发亮处理的功能是更改当前图像的亮度和对比度。

双向扫描的功能是指加工时位图的扫描方向为双向来回扫描,如图 2.3.23 所示。

打点模式的功能是指加工位图的每个像素点时激光是一直开着,还是每个像素点开指定时间。

调整点功率的功能是指加工位图的每个像素点时激光是否根据像素点的灰度调节功率。

位图扫描扩展参数如图 2.3.24 所示。

Y 向扫描的功能是加工位图时按 Y 方向一行一行地扫描。

位图扫描行增量:加工位图时是逐行扫描还是每扫描一行后隔几行数据再扫描,这样在精度要求不高的时候可以加快加工速度。

　　　　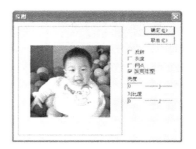

图 2.3.23　左图为单向扫描,右图为双向扫描　　　图 2.3.24　位图扫描扩展参数

EzCAD2 与 MarkingMate 比较,其突出的优势就是影像图形的标刻控制更合理,功能更优化。EzCAD2 的其他功能与 MarkingMate 的类似,读者自己研究,此处不再赘述。

评价与收获

将本任务的评价与收获填入表 2.3.1 中。

表 2.3.1　任务的评价与收获

过程评价					
评价内容	认知态度	多媒体使用情况	团队协作情况	参与程度	任务完成情况
评价等级					
收获与反思					

巩固与练习

如何运用 EzCAD2 激光标刻软件进行激光标刻非金属材料名片？请简述之。

知识链接

"无屏"激光显示将颠覆传统电视产业

在 2015 年 1 月举办的 CES 展上，LG 等多家彩电企业推出了应用 OLED 显示技术的电视机。但是在 2015 年 3 月，海信却主推了应用 ULED 技术的电视机。OLED 存在显示面板良品率低、寿命短暂、价格过高、销售低迷等不利情况，海信基于数十年对市场的判断，没有推出应用 OLED 技术的电视机，而推出了有自主知识产权的 ULED 电视产品，"挑战并延续 OLED 电视市场化的显示技术"。

据介绍，ULED 电视采用了多分区、动态背光、高色域背光、超解像等一系列技术，比目前的 4KB 电视更绚丽，比 OLED 电视更精细。日前，中国广播电视研究院、国家广播电视产品质量监督检测中心、清华大学、北京电影学院、中国电子技术标准化研究院鉴定中心、中国摄影家协会的专家们，以及普通用户在遮挡品牌的情况下，对 ULED 电视机和 OLED 电视机做了主观对比评测。结果显示 8 个关键画质指标中，ULED 电视机都不低于 OLED 电视机，特别是清晰度、色彩以及综合表现等指标，表现更优异。

LCD 平板显示这一主流技术，将受到新兴的激光投影技术的冲击和颠覆。未来"无屏"激光显示一定会以在成本、重量和功耗上的巨大优势为消费者所接受，最终取代平板显示。

据了解，海信早在 2007 年就引入了专家，建立了团队，对激光显示技术和产品进行了执著的研究和开发。在 2015 年的美国 CES 展上，海信推出了具有世界领先水平的激光大屏幕影院产品，并于 5 月份在国内上市，第三季度正式向全球市场发布这款具有革命性的产品，实现量产，推向市场。

任务 4 金属与非金属材料的旋转标刻和飞行标刻加工

任务场景

激光加工以高能激光束为工具，以运动机构实现激光束运动传输，聚焦激光束在二维或三维工件上按控制系统预先编设精确定位，实现各种材料的点、线、面多种加工形式，是当今最为活跃的先进技术之一，在机械制造、微电子加工、产品包装等领域得到了广泛应用。图 2.4.1 所示的是激光旋转工作台结构。

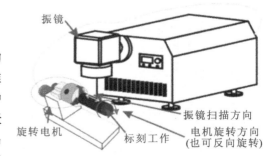

图 2.4.1 激光旋转工作台结构

任务要求

熟练运用激光标刻软件进行激光旋转标刻和飞行标刻加工。

任务准备

1. 网上检索相关图片和视频,下载并编辑。
2. 多媒体及课件。

基本活动

一、旋转标刻工作原理

1. 激光旋转标刻基本原理

旋转标刻是在圆柱或圆盘工件上执行的一种标刻加工。对于圆柱面同步旋转加工,用计算机控制振镜电动机一轴动,另一轴不动,配合旋转电动机(旋转电动机相当于振镜的另一轴电动机)转动,完成圆柱面的标刻加工。图 2.4.2 所示的是部分旋转标刻样品。

图 2.4.2　旋转标刻样品

2. 激光标刻机旋转工作台的组成

激光标刻机旋转工作台主要由以下几部分组成。
(1) 步进电动机。
(2) 步进电动机固定架。
(3) 步进电动机驱动板。
(4) 工件夹持架。

3. 激光旋转标刻的特点

激光旋转标刻适合重量较轻、直径不大的圆柱体工件圆弧面或圆盘工件平面上连续图案的标刻。对于圆柱体工件,该连续图案可以是绕圆柱面一周以上的连续图案,通过动态旋转标刻方式生成的图形连线顺滑,无断点,图像精美,速度接近平面标刻的水平。广泛应用于机械、钟表、玩具、文具、电子等多个行业。旋转工作台的运动可选择伺服电动机或步进电动机控制方式。

4. 旋转标刻分类

（1）同步标刻（位图、向量图）：旋转电动机转动，配合振镜一轴运动，直到文件标刻完成。

（2）分步标刻（位图、向量图）：在计算机软件中，使用软件切分标刻文件，比如切分为四部分，计算机先传输第一部分切分文件，通过振镜（X/Y）进行标刻；然后电动机旋转，电动机转动一个角度后停止，振镜（X/Y）再标刻第二部分切分文件，直到标刻文件标刻完成为止，如图 2.4.3 所示。

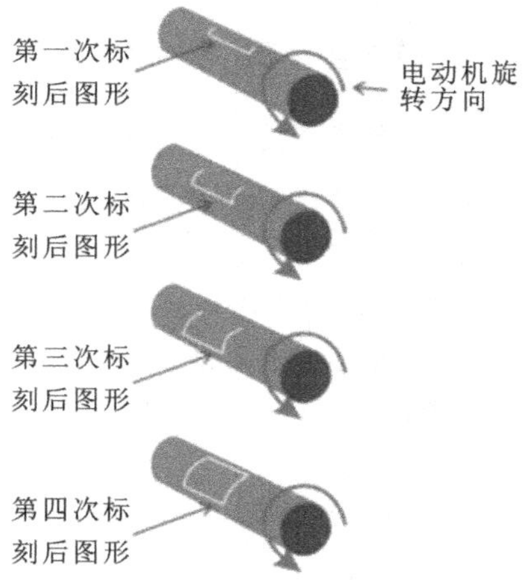

图 2.4.3 分步标刻

二、飞行标刻的工作原理

飞行标刻是指对行进中的工件进行标刻。激光静态高速振镜标刻系统在进行标刻时需要将工件转入静止状态，等标刻完成后再转移到生产流水线进行下一道工序，因此用户在生产流水线上必须增加停顿环节，这会降低生产线的产品生产效率。激光飞行标刻技术通过在控制软件中采用运动跟踪技术实时对标刻图形数据进行运动补偿，在不影响生产线工件运动的状态下实现工件的激光在线标刻，从而可提高产品生产效率。

激光飞行标刻系统由激光器、高速振镜扫描头、旋转编码器和计算机控制系统四部分组成，如图 2.4.4 所示。与普通高速振镜标刻系统硬件结构相比，激光飞行标刻系统增加了用于工件位移反馈的旋转编码器。

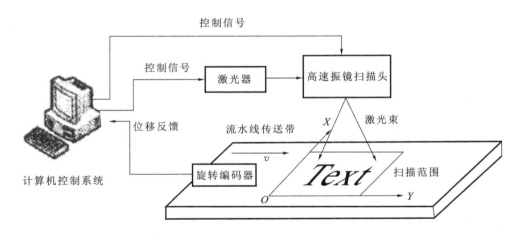

图 2.4.4 激光飞行标刻系统硬件结构图

激光器通常采用功率在 $10 \sim 50$ W 之间的中小功率 YAG 或 CO_2 激光器，X、Y 扫描头需要选用定位速度更快的高速振镜扫描头。由于激光光斑对镜片大小的要求，目前应用于激光标刻的最快的振镜小角度扫描定位速度可达 0.4 m/s。旋转编码器用于将位移信号转换成脉冲计数信号，实时反馈给标刻控制系统以便进行跟踪位移补偿。

三、任务实施

(一) 管状金属工件的旋转标刻加工

本节仍以 MarkingMate 软件为例介绍旋转标刻的相关软件设置。

1. 启动旋转轴

旋转轴的启动有两种不同的方式：一是由图层设定启动，二是由个别物件设定启动。

1）由图层设定启动

在物件浏览器中单击图层物件，然后在"属性表"的"旋轉軸"页勾选"啓動"选项，如图 2.4.5 所示。

旋转轴的模式可分为圆筒模式或圆盘模式两种。若选择圆筒模式，则要设定旋转轴的直径与最大宽度；若选择圆盘模式，则要设定旋转角度。设定完后，单击"套用"按钮，即完成启动旋转轴的设定。这种方式会将整个图层做旋转轴标刻。

（1）圆筒模式参数。

直径：工件到轴心的距离的两倍。

最大宽度：雕刻时的最佳区间宽度。视直径大小不同而改变。

（2）圆盘模式参数。

旋转角度：每次雕刻需旋转的角度。

2）由个别物件设定启动

个别物件设定是否使用旋转轴标刻，先单击某一物件，再在"属性表"的"旋转"页勾选"啓動"选项，如图 2.4.6 所示。个别物件又分"一般图形物件"与"文字物件"等两类，它们的设定参数不同。

图 2.4.5　由图层设定启动旋转轴功能　　　**图 2.4.6　由个别物件设定启动旋转轴功能**

（1）一般图形物件。

若单击一般图形物件，则旋转轴的功能设定方式为：先勾选"啓動"选项，再设定图形开始雕刻的位置角度。

启动：设定该物件是否要使用旋转轴雕刻。

起始位置：设定图形开始雕刻的位置角度。

（2）文字物件。

若单击文字物件，则除了设定文字开始雕刻的位置角度外，还可设定文字选项，如图 2.4.7 所示。

启动：设定文字是否要使用旋转轴雕刻。

起始位置：设定图形开始雕刻的位置角度。

（3）文字选项。

分成字元：将整个字句分成单个字元。

间距：设定字元与字元间的距离。同时还需单击以字元的中心为基准来计算间距，或以字元的边缘为基准来计算间距。

工件直径：若间距选择以字元的边缘为基准来计算，则还需输入工件的直径，便于系统计算。

2. 旋转轴功能库

按照使用者较常做的工作，软件提供三种旋转标刻模式，分别为：刻度环/刻度盘、环状文字、图形分割，另外亦提供电动机设定功能。

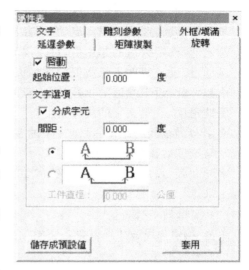

图 2.4.7 物件启动旋转轴功能

首先，开启 MarkingMate，单击"执行\旋转轴功能库"，会出现如图 2.4.8 所示的对话框。

1）刻度环/刻度盘

单击"刻度环/刻度盘"按钮，会出现如图 2.4.9 所示的对话框。

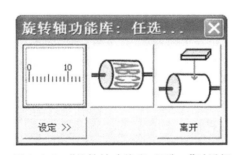

图 2.4.8 "旋转轴功能库：任选…"对话框

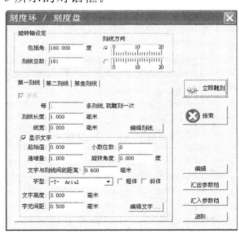

图 2.4.9 "刻度环/刻度盘"对话框

（1）旋转轴设定。

包括角：设定欲雕刻刻度的总角度，也就是旋转轴的起始角到结束角之间的角度。

刻线总数：设定在雕刻角度内，总共要雕刻的刻线数量。

刻线方向：设定刻度线的方向以及文字对应的位置，选择该项上选项时文字在刻度线的上方，选择该项下选项时，文字在刻度线的下方。

（2）第一刻线/第二刻线。

第一刻线的雕刻线数，预设为刻线总数。

刻线长度：设定刻线的长度，单位为毫米。

显示文字：勾选该选项即启动该刻线雕刻时，会同时标刻目前数值。

起始值：设定数值的起始值，可逆向计算。

递增量：设定每次显示数值的增加值，逆向计算时，此值应为负值。

小数位数：设定数值的小数位数，范围是1～3，其他数值会发生错误，0代表整数方式。

旋转角度：设定文字的旋转角度。

文字与刻线间的距离：设定文字的基线与刻度线的距离，数值越大表示距离越远，负值则表示与刻度线重叠。

字元间距：设定字元间距，如数值10的1和0之间的间距，此处可自由设定任意值，单位为毫米。

（3）编辑刻线/编辑文字。

单击"编辑刻线"或"编辑文字"按钮可以进一步编辑刻线或文字的属性，如图2.4.10所示。

（4）进阶设定。

单击"进阶…"按钮，可以进行如下进阶设定。

起始角：用于设定雕刻位置的起始角度。预设为0，即雕刻时，在0度位置雕刻。

中心偏移量：用于设定中心位置的偏移量，预设为0。

刻线层数：用于设定所需刻度线的层数。预设为2，即在画面上，可看见第一刻线和第二刻线。

2）环状文字

单击"环状文字"按钮，会出现如图2.4.11所示的对话框。

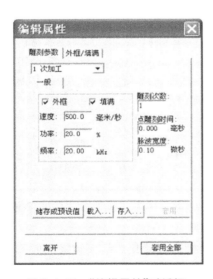

图2.4.10 "编辑属性"对话框

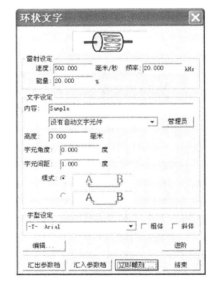

图2.4.11 "环状文字"对话框

（1）雷射设定。

速度：用于设定标刻速度。数值越大，代表激光光点移动越快，标刻时间就越短，正常值在500～3000之间，如果使用的激光器可以支持更高的速度，则请输入合适的数值。

能量:用于设定激光功率百分比。若使用的激光器的功率为 20 W,则如图 2.4.11 中所设定的,输出激光功率应该为 4 W。若标刻的材质有所不同,则激光功率百分比必须依照实际情况调整,正常范围为 20%～100%;若使用的驱动程序限制激光功率百分比的范围,当发现超出范围的错误信息时,则需改用适当的激光功率百分比。

频率:用于设定激光频率,以千赫兹(kHz)为单位,频率越高,激光光点越密集,正常范围在 5～20 kHz 之间,必须视标刻的材质与实际情况来进行调整。若使用的驱动程序限制激光频率的范围,当发现超出范围的错误信息时,则需改用适当的激光频率。

(2)文字设定。

内容:用于设定文字内容,目前可以输入一行文字,或单击"管理员"按钮,插入自动文字元件。

高度:用于设定文字的高度。若改变此值,则会影响文字整体的大小。

字元角度:用于设定文字的倾斜角度。

字元间距:用于设定字元间距,以角度为单位。

3)图档分割(圆筒方式)

单击"图档分割(圆筒方式)"按钮,会出现如图 2.4.12 所示的对话框。

(1)旋转轴设定。

工件直径:用于设定工件直径,并依照此直径来推算设定中的边缘间距模式所需要的间距。

最大宽度:用于雕刻时设定最佳的区间宽度。视轴半径大小不同而改变。

(2)工作范围。

依据使用者在电动机设定所输入的轴的单位来显示旋转轴的范围。

(3)图档设定。

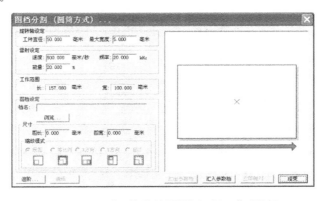

图 2.4.12 "图档分割(圆筒方式)…"对话框

档名:单击"浏览"按钮,选取欲雕刻图档的路径。

尺寸:读入档案后,会显示该档案的大小。

缩放模式:可选择图形的缩放模式。

原图:保持原图大小。

等比例:将图形等比例放大。

X 方向:向 X 轴方向放大。

Y 方向:向 Y 轴方向放大。

自订:根据使用者需求自行设定图形的大小。

(4)预览窗格。

选取欲雕刻图档后,在预览窗格就会显示图形。当对设定进行变更时,预览窗格也会同步变更。

(二)非金属材料的飞行标刻加工

本节仍以 MarkingMate 软件为例介绍飞行标刻的相关软件设置。

1. 启动飞行标刻

可采用两种方式启动飞行标刻功能。

(1)在"属性页"中单击"系统参数"选项,如图 2.4.13 所示,若"飞雕设定"按钮为"×飞雕设定",表示未启动此设定。若按钮显示为"√飞雕设定",则表示已启动该设定功能。单击此设定按钮,会出现选项功能的飞雕设定页。将相关的 X/Y 轴等参数设定正确,并单击"套用"按钮,即完成飞行标刻的设定。

(2)单击一级菜单"档案"的"选项"命令,然后从"系统"目录下单击"飞雕设定"选项,即可进入飞雕设定页。将相关的 X/Y 轴等参数设定正确,并单击"套用"按钮,即完成飞行标刻的设定,如图 2.4.14 所示。

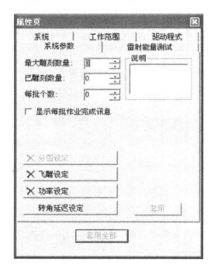

图 2.4.13 "属性页"中启动飞行标刻功能

图 2.4.14 "档案\选项"中启动飞行标刻功能

2. 飞行标刻的设定

1)基本设定

X 轴:勾选此选项,启动 X 轴飞雕功能。

X 编码器:不勾选此选项,系统会使用设定的速度来追补图元位置。

速度:用于设定输送带运转的理论速度值(毫米/秒)。

延迟:当获得起始信号时,延迟多少微秒后才开始雕刻。

Y 编码器:勾选此选项,系统会使用编码器的回馈值乘以比值来追补图元位置。原来的速度设定会改为比值设定；延迟的设定会由时间的单位改为脉冲的单位。

比值：编码器每单位对应传送带的实际行程值（毫米/脉冲）。

延迟：当获得起始信号时，延迟多少脉冲后才开始雕刻。

当勾选编码器选项时，要将编码器连接到激光控制器上，才能正确执行标刻。

2）飞雕延迟设定

飞行标刻的主要目的是在移动的工件上正确雕刻图元，实际标刻过程通常会借助感应器来侦测工件位置，取代由人工判断工件是否到达标刻机标刻的范围，以提高标刻的精准度。当工件通过感应器时会立即触发 Start 信号，标刻机收到 Start 信号才开始标刻。但感应器通常无法直接加装在振镜正下方，飞雕的延迟设定功能可让标刻机在收到 Start 信号后等待一段时间，让工件移动到真正的标刻范围后才开始标刻。

（1）设定方式。

使用者可从触发起始信号开始，工件移动至实际标刻机雕刻位置下方之间的距离，并依据设定的速度或比值计算，得出所需要延迟的时间（微秒）或脉冲。

例如，若勾选 X 轴而未勾选编码器，设定的速度为 100 毫米/秒，而工件从触发起始信号后移动到雕刻位置的距离为 50 毫米，则延迟可设定为 $(50/100) \times 10^6$ 微秒 $= 5 \times 10^5$ 微秒。若勾选 X 编码器，则根据比值与距离计算需要延迟的脉冲，若设定的比值为 10 毫米/脉冲，则延迟脉冲数可设定为 50/10 个脉冲 $=5$ 个脉冲。

（2）标刻方式。

飞雕延迟功能只有在启用自动化流程功能下才起作用。因此，建议使用者启用自动化流程功能，通过触发 Start 信号的方式来执行标刻，以正确执行飞雕延迟功能。

由左到右或由右到左单击文字的行进方向。图 2.4.14 中，箭头所指的方向代表输送带行进的方向。左选项表示行进方向为由左到右，文字雕刻的顺序为 D→C→B→A；右选项表示行进方向为由右到左，文字雕刻的顺序为 A→B→C→D。

3）启动自动化流程

飞行标刻的精准度主要取决于是否能准确判断工件移动到标刻机的标刻范围，以及工件到达标刻位置后，标刻机是否立即执行标刻。这一连串过程都需要快速反应才可达到高精准度。因此，实际飞行标刻通常会搭配感应器来判断工件位置并触发外部 Start 信号以执行标刻。另外，受限于感应器位置无法直接装在振镜正下方，所以需要设定飞雕延迟功能，待工件移动到标刻机标刻范围时，才开始标刻。

当设定飞雕延迟功能时，使用者必须同时启用自动化流程功能来执行标刻，这样延迟功能才会起作用。飞雕延迟，是指在标刻机收到 Start 信号后，依设定的延迟值等待一段时间或脉冲后，才开始标刻。因此，若由软件上的"执行"按钮来执行标刻，则系统不会接收到 Start 信号，飞雕延迟设定就无法起作用。因此，只有启用自动化流程功能，通过外部触发 Start 信号方式来执行标刻，才能正确执行飞雕延迟功能。

要启用自动化流程功能方式，可单击功能表的"执行"按钮，再单击"雕刻"按钮，开启执行雕刻对话框，如图 2.4.15 所示，单击"自动化流程"按钮，即启用该功能。启用该功能后，"执行"按钮的功能不再起作用，系统只能依据外部触发 Start 信号来执行标刻，如图 2.4.16 所示。

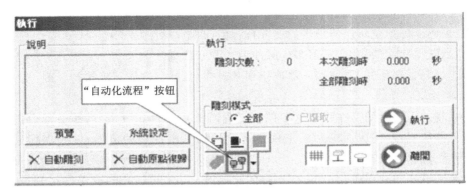

图 2.4.15 启动自动化流程功能

图 2.4.16 启动自动化流程功能后"执行"按钮失效

评价与收获

将本任务的评价与收获填入表 2.4.1 中。

表 2.4.1 任务的评价与收获

过 程 评 价				
评价内容	认知态度	多媒体使用情况	团队协作情况	参与程度	任务完成情况
评价等级					
收获与反思					

巩固与练习

1. 激光旋转标刻的基本原理是什么?

2. 激光标刻机旋转工作台由哪些部分组成?

3. 激光旋转标刻有哪些特点?

4. 请简述飞行标刻的工作原理。

5. 以 MarkingMate 软件为例,请完成下面任务。

(1) 绘制一个外框为蓝色、30 mm×15 mm 的矩形,圆角半径为 10%,并将其居中到工作图纸上。

(2) 绘制半径为 3 mm 的圆形,复制 6 个水平排列,并将其水平均匀分布。

(3) 绘制蓝色文字"××技师学院",并将其进行填充。

(4) 绘制半径为 25 mm 的圆弧文字"ABCDEFG",并将其进行水平镜像。

(5) 绘制半径为 25 mm、下凹的圆弧文字"ABCDEFG"。

(6) 绘制一维条形码"自己的学号",并显示条形码内容。

(7) 绘制二维条形码"激光加工××级＋学号＋姓名"。

(8) 将流水号"2011020108"～"2011023008"进行标刻设置。

(9) 标刻批号"KTY2/13/2011WH"(自动文字)。

知识链接

激光电视元年到来:四大难题亟待突破

激光显示是近几年来刚刚兴起的一种显示技术,它的显示原理是以红、绿、蓝(RGB)三基色激光为光源的显示技术,最真实地再现客观世界丰富、艳丽的色彩,如图 2.4.17 所示。2014 年,国内激光电视集中爆发,光峰华影、海信、长虹、华录、康佳、视美乐等企业纷纷推出大尺寸激光投影电视。

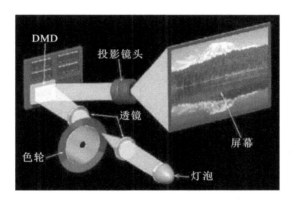

图 2.4.17　激光电视原理图

当前,消费者对大屏显示技术的屏幕亮度、显示效果、使用寿命等多个方面都提出了更高的要求。液晶显示技术在 100 in(1 in＝2.54 cm,in 为英寸)以上的发展空间不大,而且尺寸越大,成本就会呈几何倍数增长。基于此,业内专家普遍看好激光显示技术将在大屏幕高端电视市场逐步取代液晶电视,成为电视机历史上的又一次划时代主流的显示技术。有专家预测,在 5～10 年间,激光电视将进入普通家庭,届时激光电视产业年产值将达到数百亿元。

美、日、德一直居于激光电视研发的国际先进水平。中国对激光电视技术的关注也不晚,早在 20 世纪 80 年代末,激光全色显示技术就已走进中国"863"计划,并取得了一系列进展。2002 年中国推出了全固态激光显示原理样机,2003 年研制出 60 in 背投激光显示机,2005 年推出 84 in 激光显示机,2007 年推出了 120 in 全球最大屏幕激光电视机。

　　但是,为何激光电视迟迟未大规模普及呢? 主要有以下几方面原因。

1. 核心部件待突破

　　激光器是激光显示系统中最为昂贵的核心部件,目前多采用半导体材料制成。一方面,如何降低成本是目前激光电视产业化亟待解决的问题。另一方面,由于受制于体积及技术的影响,国产半导体光源技术还有待进一步提升。

2. 产业化竞争激烈

　　目前仍是液晶电视和LED电视当道,激光电视价格依然偏高。并且激光电视目前的产业化规模仍无法与液晶电视或LED电视抗衡,其规模化降低成本还有一定的难度。

3. 超薄化仍是挑战

　　由于激光电视采用透射式,虽然屏幕很薄,但激光发射器仍有一定的厚度(大概25 cm厚,而且所配的屏幕尺寸越大,厚度就越大),无法做到与LED液晶电视一样超薄化。

4. 进入家庭还尚早

　　目前激光电视主要用在大型场馆中,《中国彩电新型显示技术发展白皮书》预计,随着产业化的进一步推进,技术和市场的不断成熟,成本价格的下降,激光电视进入家庭的时间也会大为提前,真正进入普通家庭可能还需5～10年。

项目3

激光焊接技术

【项目描述】

本项目主要介绍激光焊接技术，内容包括激光焊接技术概述、激光焊接工艺和编程与控制三部分。三部分内容彼此呼应，相互关联。

【学习目标】

通过教学，学生可以了解激光焊接技术的应用，理解激光焊接原理；知道影响激光焊接的因素、影响激光焊接的工艺参数；会使用可编程控制器——FX-20GM定位器进行程序指令编程。

【能力目标】

使学生养成分析激光焊接简单工艺的习惯，使用PLC进行编程，并能运用激光焊接设备解决直线、圆等简单曲线激光焊接的实际问题。

任务1　激光焊接技术概述

任务场景

　　激光焊接技术广泛应用于汽车、轮船、飞机、高铁等高精制造领域,给人们的生活质量带来了重大提升,更是引领家电行业进入了精工时代。随着科技的全面发展,激光焊接技术的不断巩固与应用,也带领全球的家电产业步入了一个新时代,新的工艺不仅是产品的升级,也是更多科技的展示和应用。图3.1.1所示的为激光焊接现场。

图 3.1.1　激光焊接现场

任务要求

　　1. 了解激光焊接技术在工业上的应用。
　　2. 知道激光焊接技术的优点和缺点。

任务准备

　　1. 网上检索相关图片和视频,下载并编辑。
　　2. 多媒体及课件。

基本活动

　　今天,几乎所有的重要工业部门都应用了激光器。在国际范围内,激光加工的应用在各个地区的各个行业有所不同:在美国,激光加工主要应用于汽车业和金属加工业;在亚洲,电气工业和半导体工业是激光器供应商的最大客户;在欧洲,金属加工业和汽车业中的激光加工应用较多,而半导体工业则相对较少。另外,在欧洲,激光器在其他焊接方面也有广泛应用。

一、激光焊接技术在工业上的应用

(一)激光焊接技术在汽车生产中的应用

汽车行业不仅是激光加工最重要的应用部门,而且在某种程度上,也是引入新型激光器和加工方法的开创者。从图 3.1.2 所示小轿车的生产工艺可以看出,激光加工方法在很大范围内获得了成功。

图 3.1.2　工业激光器在汽车生产中的应用

汽车工业中,激光技术主要应用于车身拼焊、焊接和零件焊接。激光拼焊是在车身设计制造过程中,根据车身不同的设计和性能要求,选择不同规格的钢板,通过激光裁剪和拼装技术完成车身某一部位的制造,例如,前挡风玻璃框架、车门内板、车身底板、中立柱等。激光拼焊具有减少零件和模具数量、减少点焊数目、优化材料用量、减轻零件重量、降低成本和提高尺寸精度等优点,目前已经被许多大汽车制造商和配件供应商所采用。激光焊接主要用于车身框架结构的焊接,例如,顶盖与侧面车身的焊接,传统焊接方法的电阻点焊已经逐渐被激光焊接所代替。激光焊接技术的运用可以减小工件连接之间的接合面宽度,既减少了板材使用量,也提高了车体的刚度。激光零件焊接的焊接速度快,而且不需要焊后热处理,目前激光零件焊接已被广泛采用,常见于变速器齿轮、气门挺杆、车门铰链等。

(二)用激光焊接钢材

CO_2激光器焊接在钢铁行业中主要用于以下几个方面。

1. 硅钢板的焊接

硅钢板,一般厚度为 0.2~0.7 mm,幅宽为 50~5000 mm,常用的焊接方法是 TIG 焊,但焊后接头脆性大,然而,用 1 kW CO_2 激光器焊接这类硅钢板,最大焊接速度可达10 m/min,

焊后接头的性能也得到了很大改善。

2. 冷轧低碳钢板的焊接

板厚为 $0.4\sim2.3$ mm、幅宽为 $508\sim1270$ mm 的低碳钢板,用 1.5 kW CO_2 激光器焊接,最大焊接速度为 10 m/min,投资成本仅为闪光对焊的 2/3。

3. 酸洗线上板材的焊接

酸洗线上板材的最大厚度为 6 mm、最大板宽为 1880 mm,材料种类多,从低碳钢到高碳钢、硅钢、低合金钢等,一般采用闪光对焊。焊高碳钢时,不稳定的闪光及硬化会造成接头性能不良。用激光焊接可以焊接最大厚度为 6 mm 的各种钢板,相比闪光对焊,接头塑性、韧度有较大改进,可顺利通过焊接后的酸洗、轧制和热处理工艺而不断裂。

4. 钢管的激光焊接

激光焊接钢管的工艺流程为:先将带钢制成管坯,再将管坯边部卷制出比激光束焦点直径还小的间隙,激光束焦点均匀地落在所焊管坯的边部上。由于激光束的能量密度很高,因而在保护气体中无论是否采用焊丝,都能以较快的速度完成焊接过程。

(三)激光焊接在电子工业中的应用

由于激光焊接热影响区小,加热集中迅速、热应力低,激光焊接在集成电路和半导体器件壳体的封装中,显示出了独特的优越性,图 3.1.3 所示的是航空继电器的外壳封装焊接。

在真空器件研制中,显像管电子枪的组装焊接,电子枪由数十个小而薄的零件组成,传统的电子枪组装方法是用电阻焊。电阻焊时,零件受压畸变,使精度下降,且因为电子枪尺寸逐渐缩小,所以焊接设备的设计制造越来越困难。采用脉冲 YAG 激光焊,激光能通过光纤传输,自动化程度高,易实现多点同时焊,且焊接质量稳定,所焊接的阴极芯装管后,在阴极成像均匀与亮度均匀性方面,都优于电阻焊的。每个组件的焊接过程仅需几毫秒,每个组件焊接全过程为 2.5 s,而用电阻焊需 5.5 s。

传感器或温控器中的弹性薄壁波纹片,其厚度为 $0.05\sim0.1$ mm,采用传统焊接方法难以解决,TIG 焊容易焊穿,等离子稳定性差、影响因素多。而采用激光焊接效果很好,得到了广泛应用。激光焊接还可以用于核反应堆零件的焊接、仪表游丝的焊接、混合电路薄膜元件的导线连接等。

图 3.1.3 航空继电器的外壳封装焊接

(四) 激光焊接在轻工业中的应用

轻工业中大量使用脉冲激光焊接方式,主要应用于电池、光通信连接器件、首饰、IT 构件、模具修复等行业,如图 3.1.4 所示。

电池安全帽

不锈钢圆筒

电池

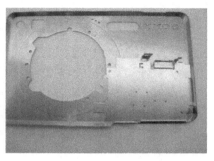

数码设备外壳

图 3.1.4 脉冲激光焊接样品

用于焊接的激光器有很多种类,最常用的有 YAG 激光器、高功率 CO_2 激光器、半导体激光器和光纤激光器。常用焊接激光器及其应用如表 3.1.1 所示。

表 3.1.1 常用焊接激光器及其应用

激 光 器	波长/μm	光束模式	输出功率	主 要 应 用
YAG 激光器	1.06	多模	0～4 kW	航空、机械、电子、通信、动力、化工、汽车制造等行业的零部件和电池、继电器、传感器、精密元器件等工件的焊接
高功率 CO_2 激光器	10.6	多模	0～10 kW	金刚石锯片、双金属带锯条、水泵叶片、齿轮、钢板、暖气片等的焊接
半导体激光器	0.8～0.9	多模	0～10 kW	塑料焊接、PCB 点焊、锡焊
光纤激光器	1.06	TEM_{00}	0～20 kW	汽车车身焊接

工业激光器作为一种高效、可靠的生产工具已被广泛接受,激光焊接作为一种重要的激光加工技术也得到了广泛的应用。

　　激光焊接技术经历了由脉冲波向连续波、有效功率薄板焊接向大功率厚件、单工作台单工件加工向多工作台多工件加工，以及简单焊缝形状向可控的复杂焊缝形状发展的过程。

　　激光焊接是一种无接触加工方式，焊接零件时没有外力作用。激光能量高度集中，可对金属快速加热、快速冷却，可以对许多零件热影响忽略不计，可认为不产生热变形，或者说热变形极小。能够焊接高熔点、难熔、难焊的金属，如钛合金、铝合金等。激光焊接过程对环境没有污染，可以在空气中直接焊接，与需在真空室中焊接的电子束焊接方法比较，激光焊接工艺简便。焊点、焊缝整齐美观，易于与计算机数控系统或机械手、机器人配合，实现自动焊接，生产效率高。激光焊缝的力学强度往往高于母材的力学强度。这是由于激光焊接时，金属熔化过程对金属中的杂质有净化作用，因而焊缝不仅美观而且强度高于母材。

　　基于上述诸多原因，激光焊接在电子工业、国防工业、仪表工业、电池工业、医疗仪器行业中均得到了广泛的应用。很多学者将激光加工连同电子束加工和离子束加工并称为 21 世纪最具发展前景及最有效的加工技术。

二、激光焊接的优缺点

　　激光焊接的优点包含以下几方面。

（1）热输入量小，深宽比大，热影响区小，工件收缩和变形较小。

（2）焊接具有连续性和可重复性。

（3）焊道窄且表面质量好，焊缝强度大。

（4）对于准确定位的焊缝易于实现自动化。

（5）可实现异种材料的焊接。

（6）激光束控制比较灵活，柔性大，能够焊接其他焊接方法难以达到的位置。

（7）焊接速度通常比其他焊接工艺的快。

（8）某些情况下可减少后处理工序。

　　激光焊接的缺点包含以下几方面。

（1）焊接淬硬材料时易形成硬脆接头。

（2）合金元素的蒸发会导致焊缝出现气孔和咬边。

（3）相对于其他焊接工艺，成本较高。

（4）对工件的装配、夹持及激光束的精确调整要求相对较高。

评价与收获

　　将本任务的评价与收获填入表 3.1.2 中。

表 3.1.2　任务的评价与收获

过 程 评 价				
评价内容	认知态度	多媒体使用情况	团队协作情况	参与程度	任务完成情况
评价等级				
收获与反思				

巩固与练习

1. 简述激光焊接技术在工业上有哪些应用。
2. 激光焊接的优点和缺点主要表现在哪些方面?

知识链接

眼镜框激光焊接机

1. 眼镜框激光焊接机原理

激光点焊是利用高能量的激光脉冲对材料进行微小区域内的局部加热,激光辐射的能量通过热传导向材料的内部扩散,将材料熔化后形成特定的熔池而实现焊接的工艺。激光点焊机(首饰点焊机)可以将相同的或不同的材料焊接在一起,如图 3.1.5 所示。

2. 眼镜框激光焊接机的优点

眼镜框激光焊接机的优点包含以下两方面。

(1)整机采用人体工学设计,可靠、耐用、方便、高效。另外,激光焊接机还应用于微小元件的组焊,例如,电动机电极、光纤器件等可在室温或特殊条件下进行焊接。

(2)保护视力。采用十字光标中心与激光光斑中心对齐,带有高速电子滤光保护装置,保护操作者眼睛不被激光伤害,缓解操作者眼睛疲劳,提高工作效率,可根据要求加装高清晰 CCD 监视系统。

图 3.1.5　眼镜框激光焊接机

3. 眼镜框激光焊接机的集成化程度

眼镜框激光焊接机的集成化程度高,采用微型工控计算机,其包含普通计算机的全部功能,其稳定性好、抗干扰能力强;配备大屏幕高清晰度液晶显示屏,软件操作界面友好;实时自动存储操作参数,便于连续工作,精密控制,可确保每一个焊点的能量均匀一致。

任务 2　激光焊接工艺

任务场景

激光焊接能够实现很多类型材料的连接,而且激光焊接通常具有许多其他熔焊工艺所无法比拟的优势,尤其是激光焊接能够连接航空与汽车工业中比较难焊的薄板合金材料,国际上采用光纤激光焊接技术来造船,还有 50%~70% 的汽车零部件都用到了激光加工技术。上海大众等汽车制造厂采用激光加工技术焊接车身与箱体等部件,其结构件不变形,接头质量好,重现性好。汽车顶部的激光焊接如图 3.2.1 所示。

图 3.2.1　汽车顶部的激光焊接

任务要求

理解激光焊接原理,知道影响激光焊接的因素、影响激光焊接工艺的参数,了解激光焊接技术的应用。

任务准备

1. 网上检索相关图片和视频,下载并编辑。
2. 多媒体及课件。

基本活动

一、激光焊接原理

按激光光束输出方式的不同,可以把激光焊接分为脉冲激光焊接和连续激光焊接等两类。若根据激光焊接焊缝的形成特点,又可以把激光焊接分为热传导焊接和深熔焊接等两类。前者的激光功率低,熔池形成时间长,且熔深浅,多用于小型零件的焊接;后者的激光功率密度大,激光辐射区金属熔化速度快,在金属熔化的同时伴随着强烈的汽化,能获得熔深较大的焊缝,焊缝的深宽比较大,可达 12∶1。

1. 热传导焊接

1) 热传导焊接的原理

热传导焊接的过程:焊件结合部位被激光照射,金属表面吸收光能而使温度升高,热量按照固体材料的热传导理论向金属内部传播扩散。激光脉冲宽度、脉冲能量、重复频率等参数不同,扩散时间、深度也不同。

被焊工件结合部位的金属因升温达到熔点而熔化成液体,快速凝固后,两部分金属熔接焊在一起,激光焊接时,小孔内液体金属的流动如图 3.2.2 所示。

激光束作用于金属表面的时间在毫秒数量级内,激光与金属之间的相互作用主要是金属对光的反射、吸收。金属吸收光能之后,局部温度升高,同时通过热传导向金属内部扩散。

其传播速度、传播状态可用固体热力学所讲述的热传导方程分析。

热传导激光焊接,需控制激光功率和功率密度,金属吸收光能后,不产生非线性效应和小孔效应。激光直接穿透深度只在微米数量级,金属内部升温靠热传导方式进行。激光功率密度在 $10^4 \sim 10^5$ W/cm^2 数量级,被焊接金属表面即能熔化,又不会汽化,从而使焊件熔接在一起。其特点:激光光斑的功率密度小,很大一部分被金属表面反射,光的吸收率较低,焊接熔深浅,焊接速度慢,主要用于薄(厚度<1 mm)、小工件的焊接加工。

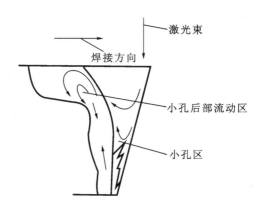

图 3.2.2　小孔内液体金属的流动

2) 热传导激光焊接的接头形式

对接、搭接、端接、角接均可用连续激光焊接。接头设计准则类同电子束焊接:对接间隙应小于 0.15 t,错边应小于 0.25 t,搭接间隙应小于 0.25 t(t 为板厚)。

图 3.2.3 给出了板材连续激光焊接时常用的几种接头形式,其中卷边角接接头具有良好的连接刚度。在焊接接头形式中,待焊工件的夹角很小,因此,入射光束的能量可以绝大部分被吸收。畸焊接头焊接时,可以不施夹紧力或仅施很小的夹紧力,其前提是待焊工件的接触必须良好。

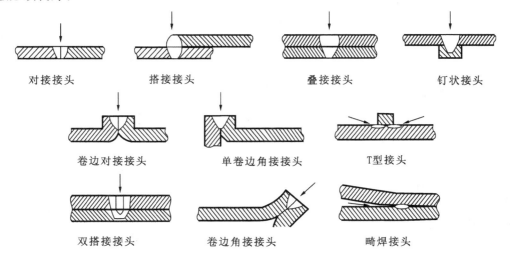

对接接头　　　　搭接接头　　　　　叠接接头　　　　钉状接头

卷边对接接头　　单卷边角接接头　　T型接头

双搭接接头　　　卷边角接接头　　　畸焊接头

图 3.2.3　板材连续激光焊接时常用的接头形式

2. 激光深熔焊接

1) 激光深熔焊接的原理

激光光束是由单色的、相位相干的电磁波组成的,正因为它的单色性和相干性,激光光束的能量才可以汇聚到一个相对较小的点上,使得工件上的功率密度能达 10^7 W/cm^2 甚至以上。这个数量级的入射功率密度可以在极短的时间内使加热区的金属汽化,从而在液态熔池中形成一个小孔,称为匙孔。光束可以直接进入匙孔内部,通过匙孔的传热获得较大的焊接熔深。质量极好的光束甚至可以在 4×10^6 W/cm² 的功率密度下形成匙孔,这主要取决于激光功率密度的分布情况。

匙孔现象发生在材料熔化和汽化的临界点,气态金属产生的蒸气压力很高,足以克服液态金属的表面张力并把熔融的金属吹向四周,形成匙孔或孔穴。随着金属蒸气的逸出,在工件上方及匙孔内部形成等离子体,较厚的等离子体会对入射激光产生一定的屏蔽作用。由于激光在匙孔内的多重反射,匙孔几乎可以吸收全部的激光能量,再经内壁以热传导的方式通过熔融金属传到周围的固态金属中去。当工件相对于激光束移动时,液态金属在小孔后方流动,逐渐凝固,形成焊缝,这种焊接机制成为深熔焊,也称匙孔焊,是激光焊接中最常用的焊接模式。图 3.2.4 给出了深熔焊接模式的熔池形态。

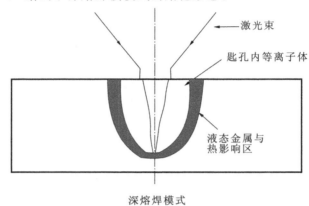

图 3.2.4 深熔焊接模式的熔池形态

与热传导激光焊接相比,激光深熔焊接需要更大的激光功率密度,一般需要连续输出 CO_2 激光器,激光功率在 200～3000 W 范围内。激光深熔焊接的原理与电子束焊接的原理类似,功率密度为 $10^6 \sim 10^7$ W/cm² 的激光束连续照射金属焊缝表面,由于激光功率热密度足够大,使金属材料熔化、蒸发,并在激光束照射点处形成一个匙孔。这个匙孔继续吸收激光束的光能,在匙孔周围形成一个熔融金属的熔池,热能由熔池向周围传播,激光功率越大,熔池越深。当激光束相对于焊件移动时,匙孔的中心也随之移动,并处于相对稳定状态。匙孔的移动就形成了焊缝,这种焊接的原理不同于脉冲激光的热传导焊接的,图 3.2.5 所示的是激光深熔焊接小孔效应的示意图。

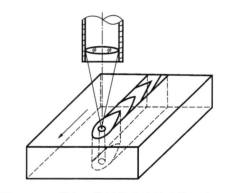

图 3.2.5 激光深熔焊接小孔效应的示意图

激光深熔焊接时,激光能量是通过小孔吸引而传递给被焊工件的,小孔作为一个黑体,使激光束的能量传到焊缝深部,随着小孔温度的升高,孔内金属汽化,金属蒸气的压力使熔化的金属液体沿小孔壁移动,形成焊缝的过程与热传导激光焊接的明显不同,在热传导激光焊接时激光能量只被金属表面吸收,然后通过热传导向材料内部扩散。图 3.2.6 所示的是 CO_2 激光深熔焊接机的示意图。

2）激光深熔焊的优缺点

（1）激光深熔焊的优点包含以下几方面。

① 大的深宽比。因为熔融金属围着圆柱形高温蒸气腔体并延伸向工件,焊缝就变得深而窄。

② 最小热传输。因为源腔温度如此高,熔化过程发生得极快,输入工件热量很低,热变形和热影响区很小。

③ 高致密性。充满高温蒸气的小孔有利于焊接熔池搅拌和气体逸出,导致生成无气孔熔透焊缝。焊后高的冷却速度又易使焊缝组织细微化。

④ 强固焊缝。灼热热源和对非金属组成成分的充分吸收,可降低杂质含量、改变夹杂尺寸及其在熔池中的分布。焊接过程中无需电极或填充焊丝,熔化区受污染少,使焊缝强度、韧度甚至超过母体金属的强度、韧度。

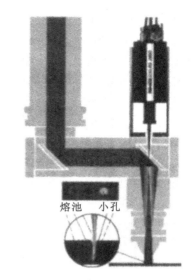

图 3.2.6　CO_2 激光深熔焊接机的示意图

⑤ 精确控制。因为聚焦光点很小,焊缝可以高精度定位。输出激光束无"惯性",可在高速下急停和重新起始,用自控光束移动技术则可焊接复杂金属。

⑥ 非接触、大气焊接过程。因为能量来自光子束,与工件无物理接触,因此无外力施加于工件。另外,磁场和空气对激光都无影响。

（2）激光深熔焊的缺点包含以下几方面。

① 熔深有限。

② 工件装配要求高。

③ 激光系统一次性投入大。

3. 激光焊接的质量

1）焊接的内在质量

焊接的内在质量包括拉力、熔深、气密性、裂纹、强度等检测指标。检测手段有拉力计、氦质谱检测、金相分析、打压等,不同的产品对应不同的质量要求。

2）焊接的外观质量

焊缝的光洁度、均匀性、缝宽等一般要求焊缝外观漂亮,热影响区越小越好。

二、影响激光焊接的因素

1. 激光焊接工艺参数

激光焊接质量很大程度上取决于激光焊接时所选用的工艺参数和工艺方法,如图 3.2.7 所示,有以下几个影响激光焊接过程的参数。

1）功率密度

功率密度是激光焊接最重要的参数之一。功率密度过高会造成材料的汽化,热传导激光焊接功率密度的范围为 $10^4 \sim 10^5$ W/cm^2。

激光束照射到材料表面时,一部分从材料表面反射,一部分透入材料内被材料吸收,透入材料内部的光通量对材料起加热作用。不同材料对于不同波长光波的吸收与发射,有着

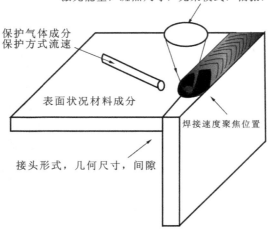

图 3.2.7 激光焊接过程的影响因素

很大的差别。一般而言,电导率高的金属材料对光波的反射率也高,表面光亮度亮的材料其反射率也高。因此,实际应用中,功率密度的选取取决于材料本身的特性。除此之外,尚需考虑焊接的具体要求,如薄壁(0.01~0.1 mm)材料焊接,要求工件的任何位置不允许温升超过沸点,否则易使焊点成孔,功率密度不可太高。厚材料(0.5 mm)的穿透焊中,为达到一定熔深,表面应维持在熔沸点之间,功率密度可相应大一些。功率密度通常通过电源的电流或电压、脉宽、频率等参数来调节。

2)焦点位置(离焦量)

经过聚焦的激光光束如图 3.2.8 所示,零件焊接面应位于焦深范围内,此时激光功率密度最大,激光焊接效果最好,通过调节聚焦筒,并观察当激光与金属作用时产生的火花和声音,以此识别零件表面是否在焦深范围内。有时为了达到特殊焊接效果,可通过正离焦和负离焦来实现浅焊和深焊。图 3.2.9 所示的为不同激光功率时焊接速度与焊接熔深之间的关系。

图 3.2.8 聚焦位置图

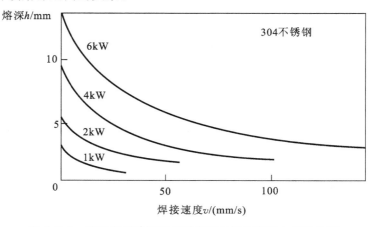

图 3.2.9 不同激光功率时焊接速度与焊接熔深之间的关系

激光焊接通常需要一定的离焦量,因为激光焦点处光斑中心的功率密度过大,容易蒸发成孔。离焦方式有两种,即正离焦和负离焦,焦点在待加工表面以上时为正离焦,焦点在待加工表面以下时为负离焦。离开激光焦点的各平面,功率密度分布相对均匀。通过调整离焦量,可以选择光束的某一截面使其能量密度适合于焊接,所以调整离焦量是调整能量密度的方法之一。负离焦可以提高熔深,在熔深要求一般的情况下,短焦距的光学系统,其聚焦光束直径小、焦深浅;长焦距的光学系统,其聚焦光束直径大、焦深深。采用短焦距可获得较大的能量密度,但光斑小,要求工件配合间隙要小;长焦距能量密度小,不过焦距在较大的范围内调节时光斑尺寸变化较小,仍可维持一定的能量密度。因此,当接头定位的精度不高,且能量密度足够用于焊接时,宜采用长焦距焊接。

3)焊接速度

其他参数都相同的条件下,增加激光功率可提高焊接速度,增大焊接熔深。焊接速度对焊缝的影响如图 3.2.10 所示。

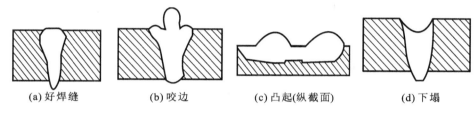

(a)好焊缝　　　　　(b)咬边　　　　　(c)凸起(纵截面)　　　　　(d)下塌

图 3.2.10　焊接速度对焊缝的影响

随着速度的增加,熔池的流动方式和尺寸将会改变。低速下熔池大而宽,且易产生下塌,如图 3.2.10(d)所示,此时,熔化金属的量较大,金属熔池的重力太大,表面张力难以维持处于焊缝中的熔池,而从焊缝中间低落或下沉,在表面形成凹坑。高速焊接时,匙孔尾部原来朝向焊缝中心强烈流动的液态金属来不及重新分布,便在焊缝两侧凝固,形成咬边缺陷,如图 3.2.10(b)所示。在大功率下形成较大熔池时,高速焊接同样容易在焊缝两侧留下轻微的咬边,但是在熔池波纹线的中心会产生一定压力。

4)保护气体

激光焊接可以在空气环境中进行,而且即使不使用保护气体,不需要真空,很多情况下也可以获得很好的焊接效果。但一些对焊接工艺要求严格的场合,如要求焊缝美观、密封、无氧化痕迹的产品,或是易于氧化难以焊接的铝合金材料,在焊接过程中就必须施加保护气体。一种方法是,使用密闭的氮气室或真空箱,室内充满氮气,激光通过玻璃照射到工件上,这种方法较烦琐。还有一种方法是利用喷嘴结构吹出一定压力、流量、流速的保护气体作用到焊缝区域,使熔化的金属不与空气中的氧气接触,保证得到高质量的焊缝。保护气体除防止氧化外,还有一个作用就是,吹掉焊接过程中产生的等离子体火焰。等离子体火焰对激光起吸收、散射作用,会影响焊接效果。

激光焊接时,金属材料表面瞬间达到熔化温度,此时金属材料表面与空气中的氧气发生剧烈反应而形成氧化层。为降低氧化作用,可使用适量的惰性气体吹拂焊接表面,使焊接表面瞬间与氧气隔离,以达到提高质量的效果。

保护气体常用氮气、氩气、氦气。氦气成本最高,但其防氧化效果好,且电离度小,不易形成等离子体。氩气的防氧化效果也好,但是它易电离,一般如铝、钛等活泼金属用氩气做保护气,而将氩气和氦气按一定比例混合使用效果更好。氮气成本最低,一般用于不锈钢的焊接。在要求高度密封、漏气率很低的工件焊接时,最好使用氩气。

5)电源参数

若激光脉冲频率较低、焊接速度又较快,则会形成点焊,也就是说,相邻焊接斑点间首尾不能相接。由于焊接斑点的直径是一定的,所以只有当激光脉冲频率与焊接速度相匹配时,才能形成满焊。近似下列表达式:

$$焊接速度＝激光脉冲频率×激光焊接光斑直径×光斑重叠率$$

式中,光斑重叠率是指相邻两光斑在直径方向的重叠率。

(1)脉冲宽度。

脉冲宽度也是激光焊接中重要的参数之一,它是区别于材料去除和材料熔化的重要参数,通常根据熔深和热影响区的要求确定脉冲宽度。激光焊接的脉冲宽度的下限必须大于 1 ms,否则会成为打孔。同一种金属焊接,当其他条件相同时,其穿入深度与脉冲宽度有关,脉冲宽度越大,则穿入深度越大。脉冲宽度越大,焊接的热影响区也越大。

(2)脉冲波形。

对于波长为 1.064 μm 的激光束,大多数材料的初始反射率较高,能将激光束的大部分能量反射回去,因此常采用带有前置尖峰的激光输出波形,利用开始出现的尖峰迅速改变表面状态。

图 3.2.11 所示的为实际焊接中针对不同焊接特性材料的脉冲波形。对于金、银、铜、铝等反射强、传热快的材料,宜采用带有前置尖峰的激光波形。对于钢及其类似金属,如铁、镍、钼、钛等金属,其表面反射率较非铁金属低,宜采用较为平坦的波形或平顶波,如对于易脆材料,可以采用能量缓慢降低的脉冲波形减慢冷淬速度。

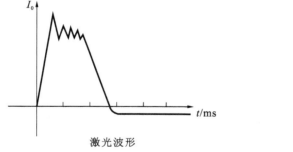
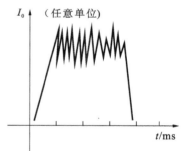

图 3.2.11 带前置尖峰的脉冲波形和普通脉冲波形

(3)脉冲频率。

热传导激光焊接中,激光器发出重复频率激光脉冲,每个激光脉冲形成一个熔斑,焊件与激光束相对的移动速度决定了熔斑的重叠率,一系列熔斑形成鱼鳞纹似的漂亮焊缝。一般根据生产率即焊接速度的要求选择激光重复频率。在激光密封焊接中,重叠率要求达70%以上。

(4)能量上升与下降方式。

焊接过程,尤其是焊接快结束的时候,调整能量下降的时间和速度是一种非常好的控制方法,可以使匙孔坍塌引起的局部咬边降到最低程度。典型的能量上升速度可以在 0.0～0.2 s内把激光功率从较低值升到所需功率,在工件或光束移动过程中打开光闸可使能量上升在零过渡时间完成,输出的激光功率就是焊接功率。典型的能量下降可以在 0.3～0.5 s内把激光能量从焊接功率降到较低值。要获得理想的匙孔坍塌形状,就要有足够长的能量下降时间,不过要注意尽可能减少焊接热循环时间。

2. 激光焊接中的其他因素

1) 焊接飞溅及其防护

焊接过程中产生的飞溅堆积在聚焦镜上会严重影响焊接质量。随着焊接飞溅和其他残渣在聚焦镜和透镜表面上越积越多,镜片会吸收能量从而产生热变形,降低焊接能量,减小熔深。焊接区的污染物是飞溅产生的一个根源。此外,材料杂质含量较高或者含有高挥发性元素,也会导致焊接飞溅产生。

虽然焊接飞溅有不同的产生根源和潜在的喷溅频率,但我们最关注的是它喷溅到聚焦镜上的数量。聚焦镜上的焊接飞溅数量取决于聚焦焦距的大小,聚焦镜离飞溅源越近,飞溅喷到聚焦镜上的概率就越高,对透镜表面带来热及机械方面的危害也越大。

要解决这个问题,可以在聚焦镜与工件之间安装一个玻璃盖,光束可完全透过玻璃辐射到工件上而没有能量损失,玻璃盖成本较低,且可任意置换,可有效防止焊接飞溅对贵重光学器件产生损害。

2) 激光焊接的工艺方法

(1) 片与片之间的焊接。片与片之间焊接时上片材料的性质、片厚和下片材料的熔点将对其焊接质量起决定的作用。因此,应合理选择上片材料,将厚度较小、热扩散率较大的金属选为上片时,其所需的脉冲宽度和总能量可以小些。

(2) 丝与丝的焊接。适合脉冲激光焊接的细丝,直径可在 0.02～0.2 mm 范围内。丝与丝的焊接,对激光能量的要求是比较严格的,若功率密度稍大,金属蒸发,就会引起断丝。

(3) 丝与块状元件的焊接。丝与块状元件焊接时,若仅从焊接质量着想,则最好从侧面进行焊接,即激光对准丝与块状元件的接触处进行焊接。若条件可以,片在上,丝在下也易焊好。

如图 3.2.12 所示,太阳能集热板的焊接就是一种很特殊的搭接焊接方式。

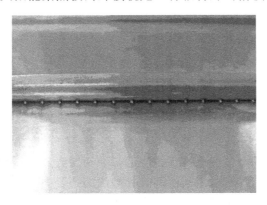

图 3.2.12 太阳能集热板的焊接

3. 常见金属材料的激光焊接特性

1）碳钢

低碳钢和低合金钢都具有较好的焊接性，但是采用激光焊接时，材料的碳的质量分数不应高于0.2%。碳钢的激光焊接性能概括起来有以下几点。

（1）碳当量较低的钢焊接性较好，碳的质量分数超过0.3%，焊接的难度将会增加，且冷裂纹倾向也会加大。

（2）镇静钢和半镇静钢的激光焊接性能较好，因为材料在浇注前加入了铝、硅等脱氧剂，使得钢中含氧量降到很低。若钢没有脱氧（如沸腾钢），则焊接时气体逸出过程形成的气泡很容易导致气孔的产生。

（3）含硫量高于0.04%或含磷量高于0.04%的钢在激光焊接时容易产生裂纹。

（4）表面经过渗碳处理的钢，由于其表面的含碳量较高，极易在渗碳层产生凝固裂纹和收缩裂纹，这种钢通常不用激光焊接。

（5）镀锌钢一般很难采用激光焊接，特别是穿透焊接，因为锌的汽化温度（903℃）比钢的熔点（1535℃）低得多，在焊接过程中，锌蒸发产生的蒸气压力使锌蒸气从熔池中大量排出，同时带走部分熔化金属，这会使焊缝产生严重的气孔。

2）不锈钢

不锈钢的激光焊接性能一般都比较好，但对于奥氏体不锈钢Y1Cr18Ni9、1Cr18Ni9、Y1Cr18Ni9Se、1Cr18Ni9Ti和0Cr18Ni11Nb等，由于加入了硫和硒等元素，力学性能有所提高，凝固裂纹的倾向有所增加。奥氏体不锈钢的导热系数只有碳钢的1/3，吸收率比碳钢高一点。因此，奥氏体不锈钢只能获得比普通碳钢稍微深一点的焊接熔深（为5%～10%）。激光焊接热输入量小、焊接速度快，非常适合Cr-Ni系列不锈钢的焊接。激光焊接铁素体不锈钢时，其韧度和延展性通常比其他焊接方法的要高。不锈钢中，马氏体不锈钢的焊接性差，焊接接头通常硬而脆，并有冷裂纹倾向。在焊接碳的质量分数大于0.1%的不锈钢时，预热和回火可以降低冷裂纹和脆裂倾向。

3）铜、铝及其合金

铜的不可焊性是因为其中锌的含量超出了激光焊接允许的范围。锌有相对较低的熔点，容易汽化，会导致大量的焊接缺陷，如气孔、虚焊等。

铝合金的激光焊接需要相对较高的能量密度。这有两方面的原因：一是铝合金的反射率较高；二是铝合金的导热系数很高。

LY16、L1-L6和LF21系列的铝合金能够成功实现激光焊接，且不需要填充金属。但是，许多其他铝合金中含有易挥发的元素，如硅、镁等。因此，无论采用哪一种激光焊接方法，焊缝中都会产生很多气孔。而激光焊接纯铝时不存在以上问题。

4）钛及钛合金

钛及钛合金很适合激光焊接，可获得高质量、塑性好的焊接接头。但是，钛对氧化很敏感，所以要特别注意接头的清洁和气体保护问题。钛及钛合金对热裂纹是不敏感的，但是焊接时会在热影响区出现延迟裂纹，氢是引起这种裂纹的主要因素。防止这种裂纹的方法是，减少焊接头的氢来源，必要时可进行真空退火处理，以减少焊接接头的含氢量。焊接气孔是钛及钛合金焊接时的一个主要问题，消除气孔的主要途径如下。

（1）用高纯度的氩气做保护进行焊接。

（2）焊接前，工件接头附近表面，特别是对接端面必须认真进行机械处理，在进行酸洗后再用清水清洗。

5）不同金属的焊接

焊接不同类型的金属要解决可焊性和可焊参数范围等问题。不同材料之间的激光焊接只有某些特定的材料组合才有可能，如图 3.2.13 所示。

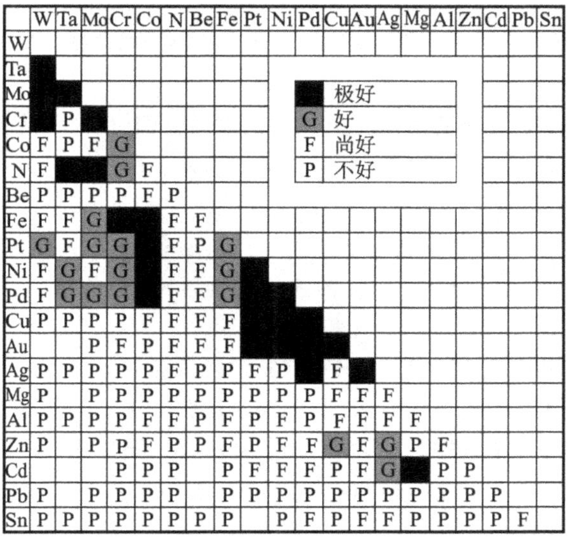

	W	Ta	Mo	Cr	Co	N	Be	Fe	Pt	Ni	Pd	Cu	Au	Ag	Mg	Al	Zn	Cd	Pb	Sn
W																				
Ta																				
Mo																					
Cr		P																		
Co	F	P	P	F	G															
N	F			G	F															
Be	P	P	P	P	F	P														
Fe	F	F	G				F	F												
Pt	G	F	G	G			F	P	G											
Ni	F	F	G	G			F	F		G										
Pd	F	F	G	G			F	F		G										
Cu	P	P	P	P	F	F	F	F												
Au			P	F	P	F	F	F												
Ag	P	P	P	P	P	F	P	P	F	P			F							
Mg	P		P	P	P	P	P	P	P	P	P	F	F	F						
Al	P	P	P	P	F	F	P	F	P	F	P	F	F	F	F					
Zn	P		P	P	F	P	P	F	P	F	F	G	F	G	P	F				
Cd			P	P	P			P	F	F	F	P	F	G		P	P			
Pb	P			P	P	P	P			P	P	P	P	P	P	P	P	P		
Sn	P	P	P		P	P	P		F	P	F	F	P	F	P	P	P	P	F	

图例：（黑）极好；G 好；F 尚好；P 不好

图 3.2.13 不同金属材料间采用激光焊接的可焊性

三、激光焊接技术的应用

早期的激光应用大都采用脉冲固体激光器进行小型零部件的点焊和由焊点搭接而成缝焊。20 世纪 70 年代，大功率 CO_2 激光器的出现，开辟了激光应用于焊接及工业领域的新纪元。激光焊接在汽车、钢铁、船舶、轻工等行业得到了日益广泛的应用。实践证明，采用激光焊接，不仅生产率高于传统的焊接方法，而且焊接质量也得到了显著提高。

近年来，高功率 YAG 激光器有突破性进展，出现了平均功率 4 kW 的连续或高重复频率输出的 YAG 激光器，可以用其进行深熔焊，且因为其波长短，金属对这种激光的吸收率强，焊接过程中受等离子体的干扰少，因而有良好的应用前景。

（一）激光焊接在汽车工业中的应用

在汽车工业中，传统焊接有电阻焊、CO_2 电弧焊、手工焊等焊接工艺。但传统的焊接方法存在焊接后变形大、焊缝质量较差、容易产生气孔、热影响区大等缺陷，不宜于尺寸要求高、变形要求小的薄板焊接和变速箱齿轮轴类焊接。自 20 世纪 60 年代以来，随着激光技术的不断发展，由最初的红宝石激光器到大功率 CO_2 激光器的出现，使包括汽车工业在内的加工行业的焊接技术得到迅速发展，出现了激光焊接工艺：激光焊接不仅能很好地焊接各类金属，而且能焊接非金属、半导体、陶瓷等，并具有焊后热变形小、焊缝质量好等特点。

1. 激光焊接在汽车工业中的应用现状

激光焊接从 1996 年开始用于汽车工业,主要用来焊接机械转动部件(如变速器)。进入 20 世纪 80 年代后,激光焊接在汽车工业中的应用逐步形成规模,激光焊接已成为除电阻焊和电弧焊之外的又一项低成本、高效率的加工技术。高能激光和光束控制系统的研制,已使激光系统成为汽车工业及其供应商的灵活制造工具。如今日本汽车工业应用激光加工技术在世界各国中处于领先地位,其激光设备拥有量占全世界的 42%,美国居第二位,占 27%。

日本汽车制造业应用激光技术最活跃的领域是激光焊接加工,利用激光也能对薄钢板对接焊缝进行冲压成形加工。日本的各大汽车制造公司纷纷将激光焊接技术应用于汽车车体的制造。

如日本丰田公司生产的凌志轿车和可罗牌轿车采用 5 种不同厚度与 3 种不同表面镀层的拼焊侧框件,将模具数量由 29 副减至 4 副,材料利用率由 40% 增加到 65%,从 1985 年到 1993 年,该公司建立了 8 条生产线,年产 160 万件大中小尺寸的部件。过去内门板用 0.8 mm 的钢板冲压制造,为了铰接和安装反光镜的需要,必须焊上加强件;现在根据不同部位对强度的要求,将 2 mm 的坯板和 0.8 mm 的坯板焊接在一起,然后冲压成形,这样每扇门重可减至 1.33 kg。

美国的公司在应用激光焊接(LBW)和激光切割生产车身方面比欧洲和日本的起步晚,但近年来的发展却相当迅速。VIL 公司提供的价值 700 万美元的车身覆盖件全自动激光焊接生产线已在加拿大安大略省的通用汽车公司北方冲压厂投入生产,该公司还准备向通用汽车公司在美国的生产厂提供同样的生产线。使用这样的生产线,可使钢板的损失降低 30%~40%,尤其能降低高成本的镀锌板消耗。

我国在 20 世纪 70 年代初就开始了激光焊接方面的研究,是最早用激光焊接集成电路的国家之一。在低功率连续 CO_2 激光器的焊接应用方面,我国首先进行的是薄壁件的焊接,经过二十几年的努力,有了大批有水平的科研成果,0.3~10 kW 的 CO_2 激光器和 30~40 W 的 YAG 激光器已形成系列产品样机,为我国开展激光焊接创造了条件,激光切割、焊接、打孔、热处理在汽车工业中均有广泛应用,国内外应用成功的是对汽车变速箱的同步环与齿轮的焊接,南京汽车厂引进意大利依维柯车的变速箱,指定采用了激光焊接。自 1993 年以来,华中科技大学与武汉钢铁公司联合开展了汽车用镀锌板和深冲板的激光拼焊和可靠性专项研究,实验结果表明,在适当的激光焊接工艺条件下,接头强度和疲劳性能都不低于母材,弯曲性能与母材的相差不大。这些情况说明,我国激光焊接在汽车工业应用方面做出了重大贡献,也取得了一定成果,但应看到,与日本、美国、欧洲等激光焊接应用于汽车工业的发达国家相比,差距还很大。随着我国国民经济的发展和改革开放的深入,汽车工业已成为我国支柱产业。激光界一定要抓住机遇,提高自己的技术,在竞争中寻找自身的位置,尽早跨入激光焊接的先进工业大国之列。

2. 激光焊接技术在汽车工业中的发展前景

激光焊接技术在国外已对传统的汽车制造工艺产生冲击性的影响,尽管目前电阻焊仍是车身焊接的手段,但由于使用激光焊接(LBW)能减小法兰盘的宽度和减少一些加强件,提高车身质量,充分利用 LBW 的这些特点,可对汽车进行重新设计,因此,LBW 被认为是最具竞争性的焊接方法。

焊接用激光器的发展前景:在激光器方面,Nd:YAG 激光器正向着大功率、多路式方向发展,英国研究所的研究人员正在进行用于汽车工业的 3000 W Nd:YAG 激光焊接机的研究。

(二)激光焊接在钢铁行业中的应用

详见项目 3 任务 1。

(三)脉冲激光焊接的应用

脉冲激光焊接已成功地应用于不锈钢、铁镍合金、铂、铌及各类铜合金等的焊接。

脉冲激光焊接实际应用的成功案例之一就是显像管电子枪的组装。电子枪由数十个小而薄的零件组成,传统的电子枪组装方法是用电阻焊组装。电阻焊会使零件受压畸变,使精度下降,且因为电子枪尺寸日益小型化,焊接设备的设计制造越来越困难。采用脉冲 YAG 激光焊接,光能通过光纤传输,自动化程度高,易实现多点同时焊,且焊接质量稳定,所焊接的阴极芯装管后,在阴极成像均匀与亮度均匀性方面,都优于电阻焊。每个组件的焊接过程仅需几毫秒,每个组件焊接全过程只需 2.5 s。而用电阻焊则需 5.5 s。

脉冲激光焊接还可以用于核反应堆零件的焊接、仪表游丝的焊接、混合电路薄膜元件的导线连接等。用脉冲激光封装焊接继电器外壳、集成电路等都是很有效的方式。下面就脉冲激光焊接在集成电路制造中的应用作简单介绍。

1. 集成电路引出线的焊接

集成电路引出线的焊接分内引线焊接和外引线焊接。集成电路内引线的焊接往往就是在硅片基底上蒸镀一层几微米厚的铝膜,因此,对焊接质量的要求比较高。不仅要求焊点处理强度好,而且要求焊接的光斑尺寸小于 150 μm,熔深控制在 50 μm 内。在焊接过程中,还不允许有金属飞溅,以免损坏集成电路的管芯。集成电路外引线的焊接,实际上就是薄的铝箔与薄的镀金磷青铜不同金属的片与片之间的焊接。由于结构的限制,只能采用中心穿透熔化焊。考虑到铝箔的厚度比镀金磷青铜的厚度薄得多,且扩散率大,所以采用铝箔作为上片的脉冲焊接。

除了集成电路内外引线的焊接外,还可以采用脉冲激光焊接集成电路的扁平引线及梁式引线,即采用脉冲激光将直径为 0.025 mm 的铝丝或金丝分别与管内的接线柱及硅片连接起来,方法是用一块柱面透镜将激光聚焦成直线,把引出线同时焊接在硅片四周的梁式引线接点上。

用脉冲激光焊接印制电路板的引出线时无需使用焊剂,从而可减少热冲击,不会对电路管芯造成影响,保证了集成电路管芯的产品质量。

2. 集成电路的密封焊接

集成电路的封装是集成电路整个制造过程中的一个非常关键的环节。它不仅关系到电路性能的可靠性和稳定性,而且对电路的电性能和热性能,以及对整机的小型化和集成化均有重要的作用。为了长期保持集成电路高的可靠性和稳定性,采用气密性封装是最好的方案。要求压力强度在 24.51 MPa 以上,采用一般的焊接方法难以满足这样的要求。而利用激光进行密封焊接,则具有气密性高、强度大、成品率高及易于实现自动化等优点。目前脉冲激光密封焊接通常以单点重叠方式进行,常采用脉冲重复 YAG 激光器,但也有采用脉冲 CO_2 激光器的。已用于密封焊接的 YAG 激光器,其平均功率达 500 W,脉冲重复率达 300 Hz,焊接速度最高达 3.8 m/mim。

3. 集成电路的激光修补

电子工业中元器件的修补是脉冲激光的另一个重要的应用。集成电路的激光修补有着很大的意义,它不仅可以提高产品的成品率,而且可以提高产品的使用可靠性。在集成电路制作的常规方法中,常常需要高电压、大电流,因此制作集成电路时容易损伤临近的元件或电路,而使整个集成电路块报废。为此,美国机器公司 SE 休斯等人利用脉冲激光在集成电路上形成电连接方法,对有缺陷的集成电路块进行成功修补,此外还可将集成电路上的铝布线中断开的地方重新连接起来。最近,美国桑迪亚国家实验室采用小型真空室,反应气体和低功率密度的脉冲激光,研究出另一种激光修补集成电路的新技术。而日本电气公司则用氩激光,并配合使用 CVD(化学气相沉积)技术,成功地修整了集成电路中 4000 种电路阵列的误配线。

评价与收获

将本任务的评价与收获填入表 3.2.1 中。

表 3.2.1　任务的评价与收获

过 程 评 价				
评价内容	认知态度	多媒体使用情况	团队协作情况	参与程度	任务完成情况
评价等级					
收获与反思					

巩固与练习

1. 请分别说明深熔焊接和热传导焊接的工作原理。
2. 请说出影响激光焊接的参数有哪些。
3. 激光焊接工艺方法有哪些?
4. 简述如何防止焊接飞溅。
5. 网上检索并结合自己的体会,请以"激光焊接在汽车制造上的应用"为题,写一篇 500 字左右的心得。

任务 3　编程与控制

任务场景

激光焊接效率高,效果好,操作简单方便,主要采用计算机编程完成自动或半自动的点焊、对接焊、叠焊、密封焊,能完成复杂的平面直线、圆弧及任意轨迹的焊接。激光焊接机焊接频率最大可选 50～100 Hz,线速度可达 18 mm/s,大大提高了焊接效率和焊缝质量。可配四维滚珠丝杠工作台,采用进口伺服控制系统,含有旋转工作台,可以焊圆柱形物体及其他各类形状的物体,适用范围广,精度高,速度快,电流波形任意调整。

任务要求

理解可编程控制器——FX-20GM 定位器,知道定位指令,会使用编程器进行编程。

任务准备

1. 网上检索相关图片和视频,下载并编辑。
2. 多媒体及课件。

基本活动

一、可编程控制器——FX-20GM 定位器

FX2N 系列可编程控制器如图 3.3.1 所示。

定位单元是 FX-10GM 定位器和 FX-20GM 定位器的统称,它们是输出脉冲序列的专用单元。定位单元允许用户使用步进电机或伺服电机并通过驱动单元来控制定位。

图 3.3.1 FX2N 系列可编程控制器

(一)控制轴数目表示控制电机的个数

一个 FX-10GM 定位器能控制一根轴,而一个 FX-20GM 定位器能控制两根轴。FX-20GM 定位器具有线性/圆弧插补功能。这里主要介绍 FX-20GM 定位器,如图 3.3.2 所示。

定位单元   定位软件

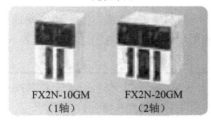
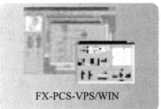

FX2N-10GM   FX2N-20GM
（1轴）   （2轴）

FX-PCS-VPS/WIN

图 3.3.2 FX-20GM 定位器和软件面板

(二)手动/自动开关

手动操作时定位开关切换到 MANU,自动操作时则定位开关切换到 AUTO;编写程序或设定参数时,选择手动 MANU 模式。MANU 模式下,定位程序和子任务程序停止运行;自动操作状态下,当开关从 AUTO 切换到 MANU 时,定位单元执行当前定位操作,然后等待结束 END 指令。

二、指令

指令通常分为基本指令、应用指令与定位指令等三类。

基本指令主要是逻辑运算指令,一般含触点及线圈指令、定时器指令、计数器指令及简单的程序流程指令,是使用频率最高的指令。

1. 表达与左母线直接相连接触点的指令

主要有从母线直接取用动合指令 LD、从母线直接取用动断触点指令 LDI、从母线直接取用上升沿脉冲触点指令 LDP、从母线直接取用下降沿脉冲触点指令 LDF 等。

2. 表达单个触点与梯形图其他区域相连接的指令

单个触点与梯形图其他区域连接有串联及并联两种情形,加上触点有动合、动断、上升沿、下降沿等四类,该类指令共计有 8 条,分别是串联动合触点指令 AND、串联动断触点指令 ANI、串联上升沿触点指令 ANDP、串联下降沿触点指令 ANDF、并联动合触点指令 OR、并联动断触点指令 ORI、并联上升沿触点指令 ORP、并联下降沿触点指令 ORF。

3. 线圈输出指令

线圈输出指令即 OUT 指令、置位指令、复位指令、SET 指令及 RST 指令。

这是一种特殊的线圈输出指令,它们和线圈指令的不同点在于,当有能流到达置位指令时,指令操作数所对应的存储单元置 1,而后能流失去时,该存储单元仍保持置 1,必须有能流到达该操作数的复位指令时,才复位置 0。

1) 上升沿检出指令及下降沿检出指令

上升沿检出(PLS)指令及下降沿检出(PLF)指令用于检出信号的变化成分。当有能流到达 PLS 指令时,PLS 指令操作数所对应的存储单元接通一个扫描周期。当有能流失去时,PLF 指令使它的操作器件对应的存储单元接通一个扫描周期。

应用指令是为数据运算及一些特殊功能设置的指令,如传送比较指令、加减乘除指令、循环移位指令、程序控制指令、中断及高速处理指令等。步进指令是专为步进程序编制设计的指令。

2) 定位指令

定位单元配有一种专用定位语言(COD 指令)和顺序语言(基本指令和应用指令)。FX-10GM 用保存于 PLC 主单元中的程序来进行位置控制,无须采用专用定位语言,如表 3.3.1 所示。

表 3.3.1　定位指令

COD00(DRV) 快速进给指令	COD00(DRV)X＊＊＊Y＊＊＊以 PARA4 设定的最高速度向目标位置移动,停止时执行伺服终点检查后移向下一个程序
COD01(LIN) 直线插补指令	COD01(LIN)X＊＊＊Y＊＊＊f＊＊＊以向量速度 F＊＊＊向目标位置移动,具有直接移向下一程序的功能
COD02(CW) 顺时针圆弧插补指令	COD02(CW)X＊＊＊Y＊＊＊i＊＊j＊f＊＊
COD03(CCW) 逆时针圆弧插补指令	以 X、Y 为插补终点、i、j 为圆心与起始点的相对距离,F 为向量速度。大多数情况下,加减速度均根据参数来定,连续插补动作时能连续通过
COD04(TIM) 延时指令	COD04(TIM)K100,时间单位为 10 ms 设定范围为 10~655350 ms

续表

COD28（DRVZ） 返回机械原点指令	DOG 为高速返回机械原点的减速开关。将参数原点地址存入寄存器中，包含原点复归速度、加减速度、钳位速度、原点复归方向、零相脉冲计数等参数，具有慢进给开关的搜索功能
COD29（SETR） 设置电气原点指令	COD29（SETR）将当前坐标设置为电气原点
COD30（DRVR） 返回电气原点指令	从当前位置返回电气原点
COD90（ABS） 绝对地址指令	COD90 执行后 X、Y 为以（0,0）为参考点的绝对坐标，但圆心（i,j）、半径 r 为相对位置。
COD91（INC） 相对地址指令	COD91 执行后 X、Y 为当前坐标参考点的相对坐标

注：定位指令编程中长度单位为 10 μm，时间单位为 10 ms，速度单位为 μm/s。

（1）快速进给指令 COD00（DRV）。

X〇〇〇　F＊＊＊Y△△△　F◇◇◇

指令根据独立的 X、Y 轴设定值来指定到目标坐标的位移，各轴的最大速度和加速度/减速度由参数设定；在 FX-20GM 定位器中使用单轴驱动时，只需指定 X 轴或 Y 轴的目标位置，如图 3.3.3 所示。

（2）地址指令 COD90（ABS）/COD91（INC）。

目标位置是增量（离当前位置的距离）还是绝对值（离零点的距离）由 COD91（INC）或 COD90（ABS）指令确定。

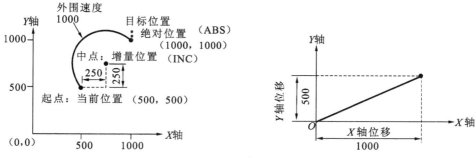

图 3.3.3　高速定位

（3）直线插补指令 COD01（LIN）。

X〇〇〇Y△△△　F◇◇◇

指令格式如下。

COD 91（INC）;增量驱动

COD 01（LIN）　X1000 Y500 F2000;

（4）指定圆心的圆弧插补指令 COD02（CW）/COD03（CCW）。

X〇〇〇　Y△△△　i□□□ j◆◆◆F◇◇◇

该指令的功能是绕中点坐标以外围速度 f 移动到目标位置，当起点坐标等于终点坐标

（目标位置），或者未指定终点坐标时，移动轨迹是一个完整的圆。i,j 永远是相对（即指定绝对地址和相对地址编程均相同）的，后面的数值等于圆心坐标值减去起点坐标值。

COD90（ABS）；绝对驱动方法

COD02（CW）X1000 Y1000 i250 j250 F1000；

（5）延时指令 COD04（TIM）。

K○○○（或 COD04 K○○○ 即","与空格相同）

该指令用来设定一条指令结束和另一条指令开始之间的等待时间。增量为 10 ms，"K100"表示 1 s 的延迟。

【例 1】 要求激光加工工作台加工一个半径为 2 mm 整圆，起点为 a 点，顺时针旋转，如图 3.3.4 所示。

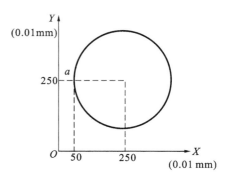

图 3.3.4 整圆实例图

解 在 FX-20GM 定位器上，程序号的格式为 2 轴同步操作格式：

O0，N0

N0 COD90（INC）； 以当前坐标为绝对坐标

N1 COD00（DRV）X50 Y250 F1000；

N2 COD02（CW）X50 Y250 I200 J0 F1000；

N3 M02（END）

O0，N0

N0 COD91（INC）； 以当前坐标为相对坐标

N1 COD00（DRV）X50 Y250 F1000；

N2 COD02（CW）X0 Y0 I200 J0 F1000；

N3 M02（END）

三、编程

（一）基本指令编程

【例 2】 正-反-停控制如图 3.3.5 所示。

令 SB1==X000，SB2==X001，SB3==X002，KM1==Y000，KM2==Y001，FR==X003。

要求第一台电动机启动 10 s 后，第二台电动机自动启动，运行 5 s 后，第一台电动机停止，同时第三台电动机自动启动，再运行 15 s 后，电动机全部停止。

（1）设计主电路和电气控制线路；

（2）用 PLC 编程实现控制。

解 主电路和控制线路如图 3.3.6 所示，梯形图和指令表如图 3.3.7 所示。

令 SB1==X000，FR1==X001，FR2==X002，FR3==X003；KM1==Y001，KM2==Y002，KM3==Y003，KT1==T1，KT2==T2，KT3==T3。

（二）定位指令编程实例

【例 3】 要求工作台加工一个长为 20 mm、宽为 10 mm 的矩形图形，如图 3.3.8 所示

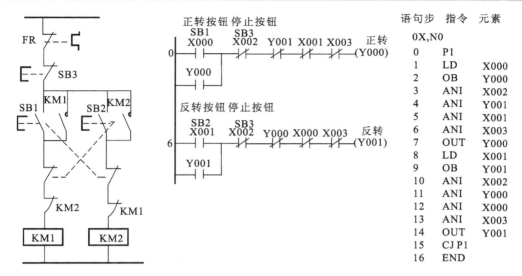

图 3.3.5 正-反-停控制

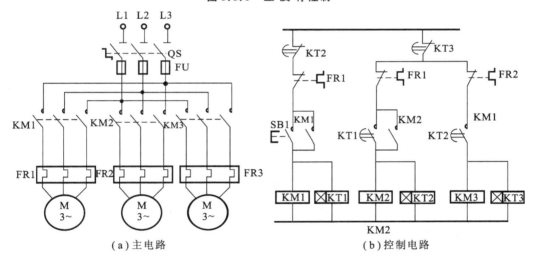

(a) 主电路   (b) 控制电路

图 3.3.6 主电路和控制电路

(以起点 a 为中心, b 点离 a 点 3 mm, ab 重叠 3 mm, 顺时针旋转, 最后回到起点)。

解 指令如下:

O0,N0

N1   COD91;

N2   COD00   X1200   Y1200   F5000;

N3   COD01   X1000   (Y0)   (F5000);   (括号内部分可以省略)

N4   (COD01)   (X0)   Y-1000   (F5000);

N5   (COD01)   X-2000   (Y0)   (F5000);

N6   (COD01)   (X0)   Y1000   (F5000);

N7   (COD01)   X1300   (Y0)   (F5000);

N8   M02

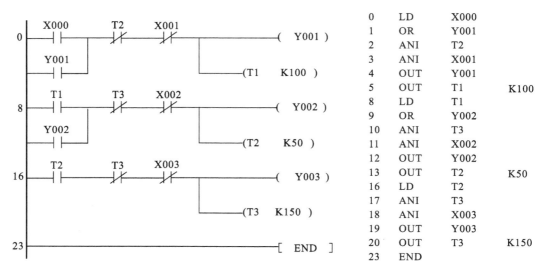

图 3.3.7 梯形图和指令表

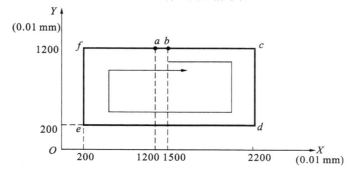

图 3.3.8 加工矩形

【例 4】 加工一个外径为 2 mm、内径为 0.6 mm 的圆环,以起点为 a 点,顺时针旋转,如图 3.3.9 所示。编写 2 轴同步操作定位程序,要求采用相对坐标。

解 指令如下。

O0,N0

N0 COD91(INC);

N1 COD00(DRV) X190 Y250 F1000;

N2 COD02(CW) X0 Y0 I60 J0 F1000;

N3 COD00(DRV) X-140 Y0 F1000;

N4 COD02(CW) X0 Y0 I200 J0 F1000;

N5 M02(END)

【例 5】 要求工作台加工一条直线,X 轴走 1000 mm,Y 轴走 500 mm,如图 3.3.10 所示。

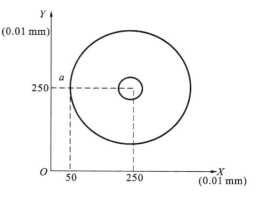

图 3.3.9 加工圆环

（1）定位指令编程；

（2）将程序转化为流程图。

解 （1）定位指令程序如下：

O0，N0

| N0 | LD | M9097； | 进入数控状态 |

N1 COD91；　　　　　　　　　　　以当前坐标为相对坐标

N2 COD00 X20000 Y20000 F2000

N3 SET Y001；　　　　　　　　　　接通 Y01 端，"启动"气阀

N4 SET Y002；　　　　　　　　　　接通 Y02 端，"启动"光闸

N5 COD 04，K50；　　　　　　　　延时等待 0.5 s

N6 SET Y003；　　　　　　　　　　接通 Y03 端，输出激光

N7 COD 04，K100；　　　　　　　　延时等待 1 s

N8 RST Y002；　　　　　　　　　　撤除光闸

N9 COD 01 X100000 Y50000 F5000；插补直线指令，从起始点开始 X 轴走 1000 mm，

　　　　　　　　　　　　　　　　　　Y 轴走 50mm，速度为 5 mm/s

N10 RST Y003；　　　　　　　　　　撤除激光

N11 COD 04，K 60；　　　　　　　延时等待 0.6 s

N12 RST Y001；　　　　　　　　　　撤除气阀

N13 M02

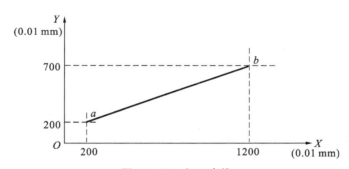

图 3.3.10　加工直线

（2）流程图如图 3.3.11 所示。

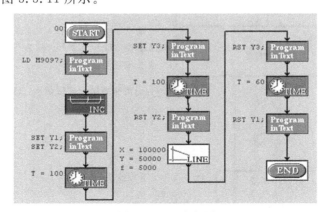

图 3.3.11　流程图

（三）手工编程器操作指南

1. 手工编程器键盘

手工编程器键盘如图 3.3.12 所示。

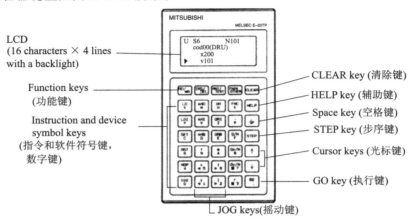

图 3.3.12 手工编程器键盘

2. 联机/脱机方式的选择及功能选择

联机/脱机方式的选择及功能选择如图 3.3.13 所示。

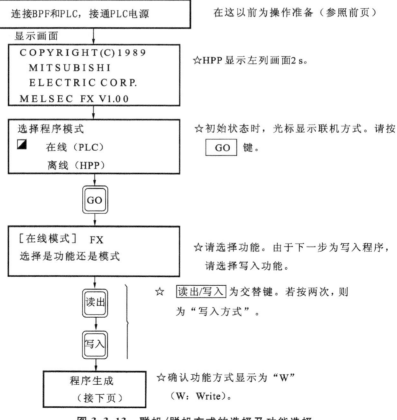

图 3.3.13 联机/脱机方式的选择及功能选择

3. 程序的输入

（1）消除内存数据。

程序生成时，首先将 NOP 成批写入（抹去全部程序）PLC 内部的 RAM 存储器，然后通过键盘操作写入简单的程序。

操作前，请确认 PLC 的 RUN 输入为 OFE。

写入 NOP 程序时，请按图 3.3.14 所示执行键操作，将 PLC 内部 RAM 存储器的数据全部清除（在指定的全部范围内成批写入 NOP）。

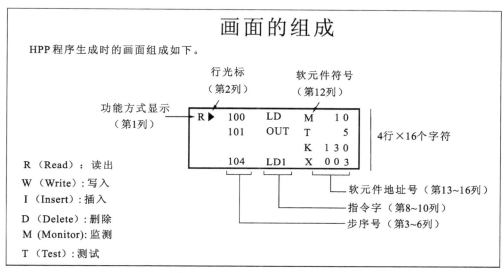

☆ 是否为下述显示画面？

若不是，请再重复一次 NOP 的成批写入操作。

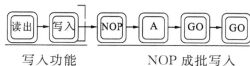

图 3.3.14 消除内存数据的输入操作

（2）基本指令的输入。

基本指令的输入如图 3.3.15 所示。

（3）定位指令的输入。

定位指令的输入如图 3.3.16 所示。

COD 02（CW）x100 y100 i25 j25 f50

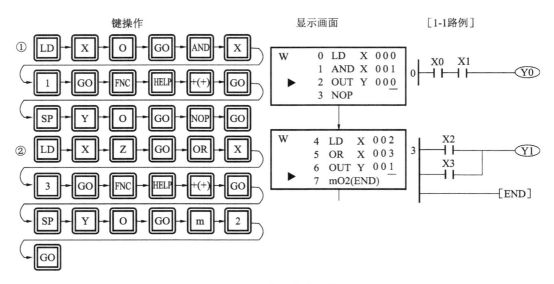

图 3.3.15 基本指令的输入

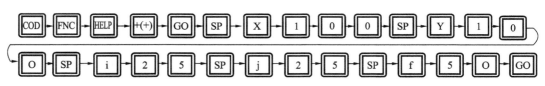

图 3.3.16 定位指令的输入

四、PA 数控系统指令及应用

PA 系统是德国 PowerAutomation 公司开发的基于 PC 的开放式数控系统,为 PA8000 系列全功能数控系统,PA8000NT CNC 编程指令基于 DIN66025 标准,广泛应用于车、铣、钻、镗、磨以及复合机床、激光切割等各种机械加工领域。

(一)数控指令列表

下面将介绍各种定位指令、几何指令、循环指令、参数编程指令及主轴控制指令等。

1. G 代码和 M 代码

1)G 代码指令

G 代码指令如表 3.3.2 所示。

表 3.3.2 G 代码指令

G 代码	初 始 设 定	组 别	功 能
G00		1	定位(快速进给)
G01	•	1	线性插补(程序给定速度)
G02		1	指定圆心的圆弧插补,CW(顺时针方向)
G03		1	指定圆心的圆弧插补,CCW(逆时针方向)
G04			暂停时间

续表

G 代码	初始设定	组别	功能
G07		1	切线圆弧插补
G08	•	7	提前读取 OFF(台前功能)
G09		7	提前读取 ON(台前功能)
G10			动态堆栈清零
G11			动态堆栈等候
G12		1	指定半径的圆弧插补,CW(顺时针方向)
G13		1	指定半径的圆弧插补,CCW(逆时针方向)
G14		3	极坐标编程(绝对值)
G15		3	极坐标编程(增量值)
G16			重新定义零点
G17	•	12	选择 X-Y 平面
G18		12	选择 Z-X 平面
G19		12	选择 Y-Z 平面
G20		12	选择程序设定平面
G24			加工区域限制
G25			加工区域限制
G26		9	加工区域限制 OFF
G27		9	加工区域限制 ON
G33		1	恒间距螺纹切削
G34		1	变间距螺纹切削
G38		10	镜像功能 ON
G39	•	10	镜像功能 OFF
G40	•	4	刀具半径补偿
G41		4	刀具半径补偿左偏置
G42		4	刀具半径补偿右偏置
G43		4	带调整功能的刀具半径补偿左偏置
G44		4	带调整功能的刀具半径补偿右偏置
G50			比例缩放
G51			工件旋转(角度)
G52			工件旋转(半径)

G 代码	初始设定	组别	功能
G53			工件坐标系选择 OFF
G5～G59			工件坐标系选择
G63			进给速度过渡 ON
G66			进给速度过渡 OFF
G70		2	英寸制
G71	•	2	精确停止插补 ON
G72		6	米制
G73		6	精确停止插补 OFF
G74			程序回原点
G78			两维路径的切线设置 ON
G79			两维路径的切线设置 OFF
G81			钻孔
G82			钻孔(可设定滞留时间)
G83			钻深孔
G84			攻丝
G85			扩孔
G86			钻孔
G87			扩孔
G88			钻孔
G89			钻孔
G90	•	3	绝对值编程
G91		3	增量值编程
G92			设定坐标系
G94	•	5	进给速度(mm/min)
G95		5	进给速度(mm/r)
G96		15	恒线速切割 ON
G97	•	15	恒线速切割 OFF
G270			车削循环停止
G271			车削循环径向切削
G272			车削循环轴向切削

2）M 代码指令

M 代码指令如表 3.3.3 所示。

表 3.3.3　M 代码指令

M 指令	功　能
M00	无条件停止
M01	条件停止
M02	程序结束
M03	主轴正转
M04	主轴反转
M05	主轴停止
M19	主轴定位
M101～M108	快速 M 功能

2. 实例

【例 6】　使用 G 代码编写如图 3.3.17 所示的激光顺时针数控加工程序，要求使用相对坐标。

解　激光顺时针数控加工的指令如下。

N10　G91
N20　G71
N30　G00 X0 Y0　F100
N40　G03 X100　Y100 I0 J100
N50　G01　X0　Y200
N60　G03　X100　Y100 I0　J100
N70　G01　X100　Y0
N80　G02　X100　Y-100　I0　J-100
N90　G01　X0　Y-200
N100 G01　X-400　Y0
N110 M02

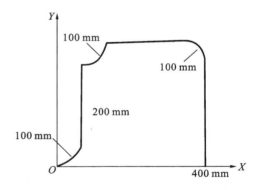

图 3.3.17　激光顺时针数控加工图

【例 7】　编写如图 3.3.18 所示的激光数控加工程序，要求使用相对坐标。

解　激光相对坐标数控加工指令如下。

N10　G90
N20　G71
N30　G00　X0　Z10　F200
N40　G01　X10　Z0
N50　G03　X10 Z10　I0　K10
N60　G02　X20 Z0　I10　K0
N70　G01　X20

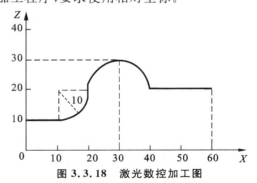

图 3.3.18　激光数控加工图

N80　M02

3. 开发软件

开发软件主要包括以下几款。

（1）三菱 FX 系列 PLC 使用的 SWOPC-FXGP/WLN-C 编程软件。

（2）GX Developer 软件。

（3）FX-PCS-VPS/WIN-E 软件。FX-PCS-VPS/WIN-E 是三菱开发的可视化位置控制器软件，是为 FX-GM 系列定位单元编程提供的开发平台；允许用户使用 GUI 开发程序；FX-PCS-VPS/WIN-E 软件可与 FX-GM 之间进行程序传输。

（4）PA8000 软件。

（二）应用

实训一　FX-20GM 定位器控制三相异步电动机正反转

1. PLC 输出 Y000～Y001 手动监控与测试

PLC 输出 Y000～Y001 手动监控与测试的步骤如下。

（1）连接外部＋24 V 电源。

（2）连接＋24 V 继电器 KA1、KA2，连接 220 V 接触器 KM1、KM2。

（3）连接手工编程器并与 PLC 连线。

（4）通电进入手工编程器操作状态。

（1）、（2）步按图 3.3.19（a）连接，（3）、（4）步按图 3.3.19（b）连接。

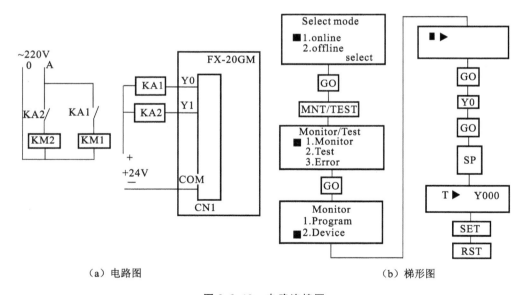

（a）电路图　　　　　　　　　　　　（b）梯形图

图 3.3.19　电路连接图

2. PLC 输出 Y000～Y001 控制继电器 KA1、KA2 及编程

PLC 输出 Y000～Y001 控制继电器 KA1、KA2 及编程的步骤如下。

（1）按图 3.3.20、图 3.3.21、图 3.3.22 所示连接线路。

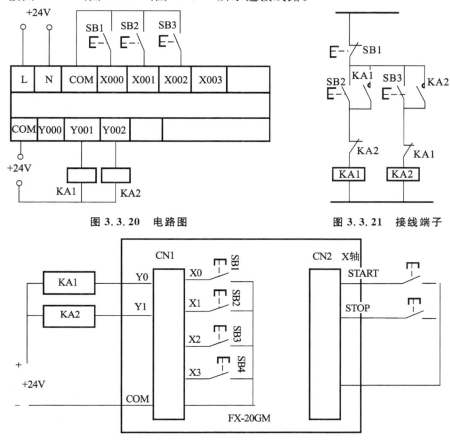

图 3.3.20 电路图   图 3.3.21 接线端子

图 3.3.22 接线图

（2）输入程序，如图 3.3.23 所示。

语句步	指令	元素
O0，N0		
0	P1	
1	LD	X001
3	OB	Y000
4	ANI	X000
5	ANI	Y001
6	OUT	Y000
7	LD	X002
9	OB	Y000
10	ANI	X000
11	ANI	Y000
12	OUT	Y001
13	JMP P1	
14	END	

LD X1;
OR Y0;
ANI X0;
ANI Y1;
OUT(FNC90) Y0;
LD X2;
OR Y1;
ANI X1;
ANI Y0;
OUT(FNC90) Y1;

图 3.3.23 程序指令

实训二　FX-20GM 定位器控制步进电动机

手动控制步进电动机介绍如下。

1. 步进电动机接线图

步进电动机接线图如图 3.3.24 所示。

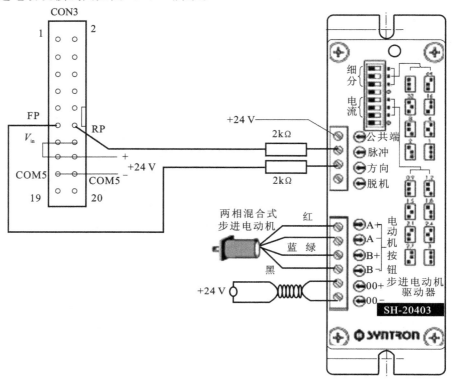

图 3.3.24　步进电动机接线图

FX-PCS-VPS/WIN-E 软件的手动控制操作步骤如下。

（1）选择 Monitoring Window 菜单。

（2）选择 Insert/Manual Operation 命令，弹出如图 3.3.25 所示的对话框。

（3）分别选择 X 轴的 JOG＋、JOG－，并添加到 Monitoring Window 中，如图 3.3.26 所示。

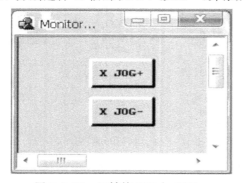

图 3.3.25　X 轴的 JOG＋、JOG－

图 3.3.26　添加

（4）将步进电动机和伺服电动机、驱动器、定位单元 FX-GM、计算机按图 3.3.24 进行正确连接,使 FX-GM 的 AUTO/MANU 开关处于 AUTO 位置。

（5）选择 FX-GM/Monitor/START 命令,启动 Monitor 手动控制,出现 Monitor 窗口,单击上述两个按钮手动控制步进电动机和伺服电动机。

（6）选择 FX-GM/Monitor/STOP 命令,停止 Monitor 手动控制。

2. 控制步进电动机及编程

控制步进电动机及编程如图 3.3.27 所示。

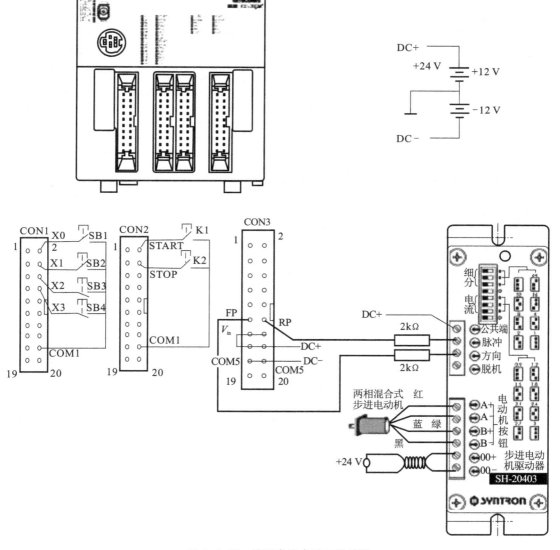

图 3.3.27 控制步进电动机及编程

控制步进电动机及编程的操作步骤如下。

（1）在 FX-PCS-VPS/WIN-E 中创建如图 3.3.28 所示程序。

（2）连接计算机与定位单元 FX-20GM，并将 FX-20GM 模式开关 AUTO/MANU 置于 MANU 位置。

（3）执行/Write to FX-GM 命令，将程序写入 FX-GM。

（4）FX-GM 连接手工编程器，并写入程序，如下：

O0，N0；

BRET　05；

LD　X002

CJ00　P0；

BRET　05；

CO D02(CW) X0 Y0 I100 J0 F100；

P1；

M02(END)；

P0；

CO D03(CCW) X0 Y0 I－100 J0 F100；

JMP 04　P1；

M02(END)；

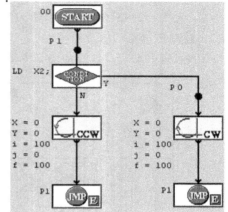

图 3.3.28　程序

实训三　FX-20GM 定位器控制三相异步电动机和步进电动机

实训扩展。

将实训一和实训二整合在一起。设三相交流电动机 M 为激光加工设备的冷却水泵电动机，步进电动机用于激光加工工件运动控制。要求：冷却水泵电动机启动后才能启动步进电动机。

1. 电路图

冷却水泵步进电动机的电路图如图 3.3.29 所示。

2. 驱动程序

驱动程序如下（见图 3.3.30）：

O0，N0；　　　　　　　　　　　M02(END)；

P3；　　　　　　　　　　　　　P0；

LD　X0；　　　　　　　　　　BRET05

OR　Y0；　　　　　　　　　　LDX3

ANI　X2；　　　　　　　　　　CJ00　P1

ANI　Y1；　　　　　　　　　　BRET05

ANI　X1；　　　　　　　　　　BRET05

OUT(FNC90)　Y0；　　　　　LDX4

LD　X1；　　　　　　　　　　CJ00　P2

OR　Y1；　　　　　　　　　　BRET0

ANI　X2；　　　　　　　　　　JMP04　P3；

ANI　Y0；　　　　　　　　　　M02(END)；

ANI　X0；　　　　　　　　　　P2；

OUT(FNC90) Y001;   COD03(CCW)　X0 Y0 I100 J0 F1000

BRET05   JMP04　P3;

LDX1   M02(END);

ORX2;   P1

CJ00　P0   COD02(CW)　X0 Y0 I100 J0 F1000

BRET05   JMP04　P3;

JMP04P3;   M02(END);

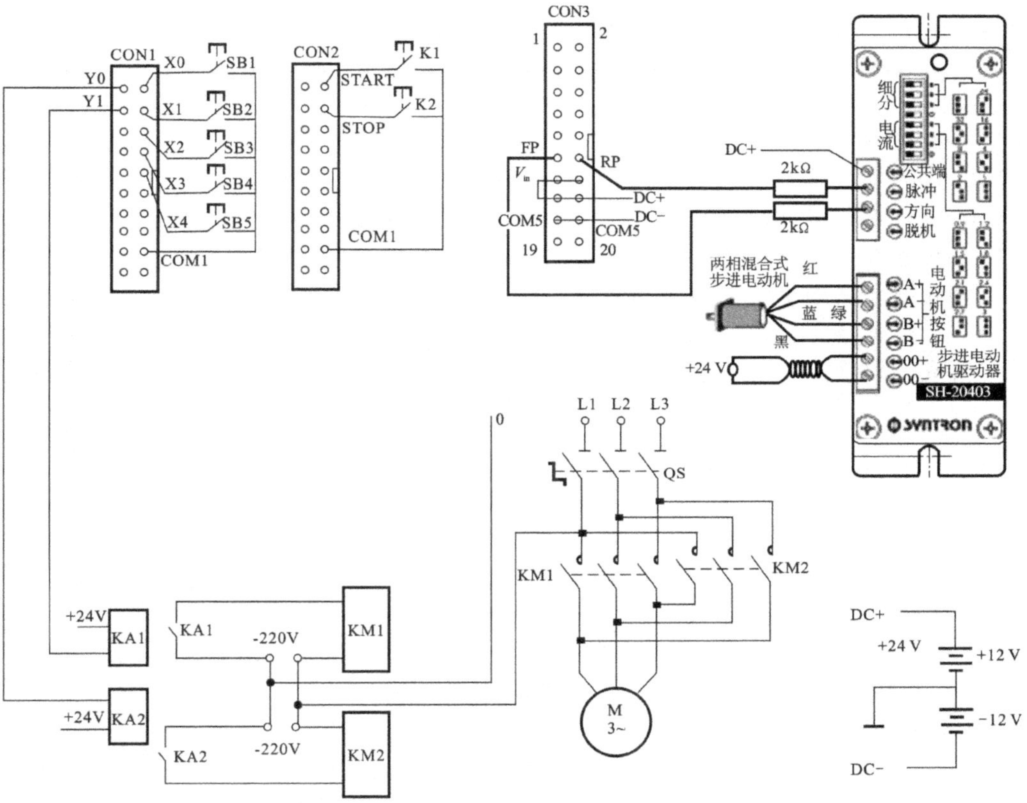

图 3.3.29　冷却水泵步进电动机的电路图

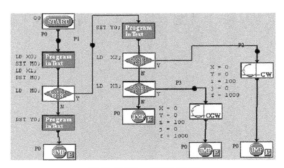

图 3.3.30　驱动程序

评价与收获

将本任务的评价与收获填入表 3.3.4 中。

表 3.3.4 任务的评价与收获

过 程 评 价					
评价内容	认知态度	多媒体使用情况	团队协作情况	参与程度	任务完成情况
评价等级					
收获与反思					

巩固与练习

1. 谈谈你对可编程控制器——FX-20GM 定位器的理解。
2. 请完成在不锈钢钢板上焊接不同轨迹的任务。

　　要求:(1) 按顺序启动激光焊接机,设置激光脉冲电流波形,如图 3.3.31 所示。

(2) 打开驱动电源,通过手编器编写程序,在不锈钢钢板上完成图 3.3.32 所示的圆弧矩轨迹,单位为 mm,要求参照实际尺寸,轨迹宽度为 0.5 mm,光斑重叠率为 70%。

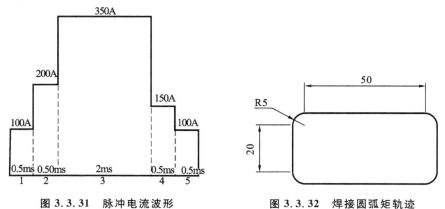

图 3.3.31 脉冲电流波形　　　　　图 3.3.32 焊接圆弧矩轨迹

　　准备:以小组为单位,激光焊接机 1 台、不锈钢钢板 1 块、游标卡尺 1 把、相纸 1 张。

项目4

【项目描述】

激光切割是激光加工技术在工业上应用的一个方面。本项目就是要学习激光切割的原理,知道如何评价激光切割的质量,理解影响激光切割的因素及其调整状态。共分2个任务来学习。

【学习目标】

理解激光切割原理,知道激光切割的主要特点。理解如何评价激光切割的质量,知道影响激光切割质量的因素,知道激光切割的应用。

【能力目标】

培养学生阅读、思考、分析激光切割原理与切割工艺的能力,并能解决激光切割技术方面的问题。

激光切割技术

任务1 激光切割技术概述

任务场景

激光切割是利用高功率密度的激光束扫描材料表面,在极短时间内将材料加热到几千甚至上万摄氏度,使材料熔化或汽化,再用高压气体将熔化或汽化物质从切缝中吹走,达到切割材料目的的一种方法。工业用的激光切割机切割板材高效且环保,如图4.1.1所示。

任务要求

1. 掌握激光切割原理。
2. 领会激光切割的主要特点。

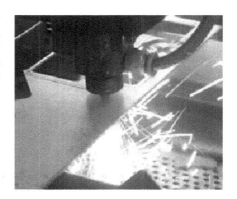

图 4.1.1 激光切割金属板材现场

任务准备

1. 网上检索相关图片和视频,下载并编辑。
2. 多媒体及课件。

基本活动

一、激光切割原理

激光切割是激光加工技术在工业上应用的一个方面,因此,其加工过程既符合激光与材料的作用原理,又具有自己的特点。

激光切割是利用经聚焦的高功率密度激光束照射工件,使被照射处的材料迅速熔化、汽化、烧蚀,并形成孔洞,同时借助与光束同轴的高速气流吹除熔融物质,随着光束和工件的相对运动,最终使工件形成切缝,从而实现割开工件的一种热切割方法。

激光切割过程如图4.1.2所示,切割过程发生在切割终端处的一个垂直表面,称为烧蚀前沿。激光和气流从喷嘴进入切口,激光能量一部分被烧蚀前沿所吸收,一部分通过切口或经烧蚀前沿向切口空间反射。激光切割装置如图4.1.3所示。

从切割过程不同的物理形式来看,激光切割大致可分为汽化切割、熔化切割、氧助熔化切割和控制断裂切割四类,其中以氧助熔化切割应用最为广泛。

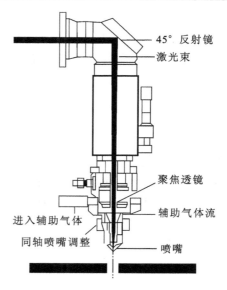

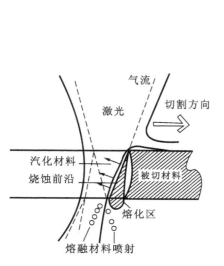

图 4.1.2　激光切割区示意图　　图 4.1.3　激光切割装置示意图

1. 汽化切割

当高功率密度的激光照射到工件表面时,材料在极短的时间内被加热到汽化点,部分材料化作蒸气逸去,部分材料以喷出物形式从割缝底部被辅助气体驱除。汽化切割的激光功率密度一般为 10^8 W/cm^2 数量级。汽化切割是大部分有机材料和陶瓷材料所采用的切割方式,飞秒激光切割任何材料都属于这种切割机制。汽化切割的具体机理可描述如下。

（1）照射到工件表面的激光束能量部分被反射,部分被材料吸收,反射率随着工件表面持续加热而下降。

（2）表面材料温度升高到沸点温度的速度非常快,足以避免热传导造成的熔化。

（3）汽化材料以近声速从工件表面飞快逸出,其加速力在材料内部产生应力波。当功率密度达到 10^9 W/cm^2 时,应力波在材料内的反射会导致脆性材料碎裂,同时也提升蒸发前沿压力、汽化温度。

（4）蒸气随身带走熔化质点和冲刷碎屑,形成孔洞。在汽化过程中,60％的材料是以熔滴形式被气流驱除的。

在汽化切割过程中,如激光功率密度过高,来自孔洞的热蒸气由于高的电子密度,会反射和吸收入射激光束,随着激光功率密度超过相应材料的最佳功率密度,蒸气吸收阻挡了所增加的功率部分,吸收波开始从工件表面向光束方向移开,造成汽化切割的不稳定。

对于某些局部可透光束的材料,材料内部会吸收热量,蒸发前发生内沸腾,材料在表面下以爆炸形式被驱除。

2. 熔化切割

利用一定功率密度的激光辐照工件表面使之熔化形成孔洞,同时依靠与光束同轴的非活性辅助气体把孔洞周围的熔融材料吹除,形成割缝。其所需功率密度约为 10^7 W/cm^2。熔化切割的机理可概括为以下几方面。

（1）照射到工件表面的激光束功率密度超过某一阈值后,被辐照点材料开始蒸发并形成小孔。

（2）小孔形成后，它作为类黑体几乎吸收所有光束能量，小孔被熔融金属壁所包围，同时高速流动的蒸气流维持熔融金属壁的相对稳定。

（3）熔化等温线贯穿工件，辅助气流喷射压力将熔化材料驱除。

（4）随着激光束的扫描，小孔横移形成切缝，烧蚀前沿处熔化材料持续或脉动地从缝内吹除。

3. 氧助熔化切割

激光将工件加热到其燃点，利用氧气或其他活性气体使材料燃烧，产生激烈的化学反应而形成除激光以外的另一种热源，在两种热源共同作用下完成切割，称为氧助熔化切割。氧助熔化切割的机制较为复杂，简要描述如下。

（1）材料表面在激光辐照下被迅速加热到其燃点，随之与氧气接触发生激烈燃烧反应，放出大量热量。在此热量作用下，材料内部形成充满蒸气的小孔，小孔周围被熔融金属壁所包围。

（2）随光束扫描一起运动的氧气流使周围熔融金属壁向前移动，产生热量和物质转移，形成割缝。

（3）达到燃点温度区域的氧气流，作为冷却剂减小工件的热影响区。

燃烧物质转移成熔渣和氧气扩散穿过熔渣控制氧和材料的燃烧速度。氧气流速越高，燃烧化学反应和熔渣去除的速度就越快。但是，氧气流速过高，也会导致切缝出口处的反应物快速冷却，影响切割质量。

在氧助熔化切割的两个热源中，据粗略估计，切割钢时，热反应提供的能量要占全部切割能量的 60% 左右，切割活泼金属时，这一比例会更高。因此，与熔化切割相比，氧助熔化切割具有更快的切割速度。

氧助熔化切割存在两个切割质量区域，如果氧燃烧速度高于光束扫描速度，割缝就宽而粗糙；反之，割缝就窄而光滑。这两个质量区域间的转折是一个突变。

4. 控制断裂切割

对易受热破坏的脆性材料，利用激光束加热进行高速、可控的切断，称为控制断裂切割。其切割机理可简述为：激光束加热脆性材料的小块区域，在该区域引起极高的热梯度，产生严重的力学形变，使材料形成裂缝。只要保持均衡的加热梯度，就可以在任何需要的方向上产生裂缝。控制断裂切割速度快，只需很小的激光功率即可，功率过高反而造成工件边缘附近表面熔化，影响切割质量。控制断裂切割的主要控制参数是激光功率密度和光斑大小。

二、激光切割的主要特点

自 20 世纪 70 年代初激光切割技术投入生产应用以来，发展速度非常快，技术日趋完善。目前工业发达国家对这一技术的运用较为广泛。从现今人们所掌握的各种切割技术来看，激光切割技术无疑是最好的切割方法。利用激光切割技术替代火焰和等离子切割，将成为今后切割技术发展的趋势。激光切割的广泛应用得益于其良好的切割特性。

1. 切割质量好

激光切割是一种高能量密度的热加工方式，其功率密度可达 $10^6 \sim 10^9$ W/cm^2，经聚焦的光斑直径一般为 0.1～0.5 mm。当光束照射到工件时,激光光能转换成惊人的热能保持在极小的区域内,输入到照射区的热量远远超过被材料反射、传导或扩散的部分。激光切割的割缝窄(一般为 0.1～0.5 mm),切口平行度好,无毛刺,割缝表面粗糙度小(Ra 一般为 12.5～25 μm),尺寸精度高(中心孔距误差为 0.1～0.4 mm,轮廓尺寸为 0.1～0.5 mm),重复性好,热影响区小(为 0.08～0.1 mm),几乎无热应力变形。同时,激光切割是一种无接触加工,切割过程无切削力施加于工件,工件也无需夹紧,因而工件无应力及表面损伤。

2. 切割效率高,节省材料

激光切割区割缝窄,割除区域材料的热容量小,同时激光能量密度和能量利用率高,因此其加工速度快,为机械方法的 20 倍左右。在厚 20 mm 以下的钢板切割中,激光的切割能力最强,特别适合于中、薄板的高精度、高速度的切割。激光切割省去了工件夹紧、画线、去油等准备工序;无刀具切割,无刀具更换;不需要任何模具,节省开模费用,既没有模具消耗,也无须修理模具,还节约更换模具时间,非常适合新产品的开发,缩短研发周期。一旦产品图纸形成,就可以进行激光加工,可以在最短的时间内得到新产品的实物。良好的切割质量,也减少了工件后续的加工量,大幅度地降低了企业的生产成本和提高了产品的档次。激光加工采用计算机编程,可以把不同形状的产品进行材料的套裁,最大限度地提高材料的利用率。

3. 有广泛的适应性和灵活性

激光切割的适用范围非常广泛,大多数有机与无机材料都可以用激光切割。激光切割能力不受被切材料的硬度影响,任何硬度的材料都可以切割,如脆性、极软、极硬材料。几乎所有的金属材料都可以用激光切割,可切割几微米的箔片,也可切割 50 mm 的板材。也可用于塑料、木材、布匹、石墨和陶瓷等非金属材料的切割,如木材加工业已用激光切割胶合板、刨花板,服装行业用于裁剪衣料等。

激光束可控性强,现代激光切割系统能方便切割各种形状复杂的零件和图样,既可切割平面工件,又能切割立体工件。激光切割可以从任何一点开始(先穿孔),切口可向任何方向行进,不受切割工件的限制,激光束具有无限仿形切割能力。激光束易与数控系统和计算机控制系统相结合,实现切割过程自动化。激光切割机还可多工位操作,一机多用。

4. 是环境友好型加工方式

激光切割噪声低,振动小,对环境基本无污染,社会效益好。

评价与收获

将本任务的评价与收获填入表 4.1.1 中。

表 4.1.1　任务的评价与收获

过 程 评 价				
评价内容	认知态度	多媒体使用情况	团队协作情况	参与程度	任务完成情况
评价等级					
收获与反思					

巩固与练习

1. 激光切割的原理是什么?
2. 什么是激光汽化切割?
3. 什么是激光熔化切割?
4. 激光切割有哪些特点?

知识链接

用于医学治疗的软组织专用钬激光

新一代治疗软组织专用的钬激光,可以配合椎间孔镜使用或单独使用,治疗时可以做到对周围组织损伤最小,安全性极高。广泛应用于颈、腰椎间盘突出的治疗。

一、钬激光治疗软组织的应用优势

钬激光治疗软组织的应用主要表现在以下几方面。

(1) 光束易被水吸收,热效应范围不超过 $550~\mu m$,坏死带不超过 $82~\mu m$,对周围正常组织损伤小,术后反应轻,伤口愈合快,疤痕也小。

(2) 脉冲式激光的热效应仅与组织表层作用脉冲之间的冷作用限制了组织的损害。

(3) 使用光纤传输,可与各种内窥镜或穿刺针联合使用,配合超微针镜或其他内窥镜,手术一般需 5~30 min,不需在治疗部位更换器械,只一点式即可完成,可大大缩短手术时间。

(4) 手术中通过汽化进行治疗,修整组织边缘光滑有坡度,不会像机械清理时那样留下台阶,防止了假性绞锁,不会形成软组织瘢痕。

(5) 止血效果好,止血时间是电刀的 1/14,止血效果是电刀的 2~4 倍。因此,术中极少出血甚至无出血。

(6) 激光手术对术中的各种监护仪器无干扰。钬激光在治疗腰椎间盘突出及软组织领域的广泛应用,促进了脊柱微创外科及软组织外科的发展。

钬激光在腰椎间盘突出领域的应用与臭氧、射频相比,具有更强的安全性,以及广泛的适用性。该手术需在 C 型臂 X 线的准确定位下操作,因此可以一次性充分消融突出的髓核,效率大为提高,钬激光光纤是可以弯曲的,有效扩大了治疗的范围,使治疗更彻底,疗效更满意。

采用钬激光治疗腰椎间盘突出更简单,易于掌握,只需通过在 C 型臂 X 线定位、引导下使用 12 号穿刺针穿刺突出腰椎间盘髓核即可,将光纤引入,然后发射激光,数秒钟后患者疼痛,麻木症状即可消失。

二、钬激光碎石

与常用的体外冲击波碎石、气压弹道碎石比,钬激光碎石具有很强的安全性以及广泛的适用性。

三、特点

研究表明:微创针镜及椎间孔镜下钬激光治疗单次成功率达95%甚至以上,这种手术既没有损伤神经及出血的危险,又可同时治疗合并椎管狭窄等。平均手术时间为25 min,住院时间为3 d左右。钬激光对任何部位、任何成分的腰椎间盘突出,都能发挥其特有的疗效,是治疗椎间盘突出高效、安全、低耗、省时且副作用极低的"新式武器"。

任务2 激光切割工艺

任务场景

常见的传统切割工艺有水切割、电火花加工、气燃体切割、等离子切割、模冲切割、锯切割、线切割等。激光切割不论是从精度、速度还是费用上,优势都很明显,而且在图形变更上也比其他加工方法容易很多,工艺也先进很多。由此看来,激光切割及工艺是现代工业生产上不可缺少的必备加工手法。图4.2.1所示的是用激光切割的精美的钢制工艺品。

图 4.2.1 钢制工艺品

任务要求

理解激光切割的质量评价方法,知道影响激光切割质量的因素,知道激光切割的应用。

任务准备

1. 网上检索相关图片和视频,下载并编辑。
2. 多媒体及课件。

基本活动

一、激光切割的质量评价

(一)激光切割的尺寸精度

激光切割的尺寸精度是由切割机数控机床性能、光束质量、加工现象而决定的整体精度,包括定位精度及重复精度等静化精度和表示随切割速度变化而变化的加工形状轨迹精度,即动化精度。光束质量对加工精度的影响来自于光束的圆度、强度的不均匀性,以及光轴的紊乱。由加工对象决定的精度与氧化反应热混乱产生的异常燃烧、热膨胀、切割面粗糙、材质等被加工件的物性有关。在一般材料的激光切割过程中,由于切割速度较快,工件的热变形很小,通过对设备的精确调试和必要的程序补偿,光束质量和加工对象对加工尺寸精度的影响可以降低到较小的程度,此时切割工件的尺寸的精度主要取决于切割机数控工作台的机械精度和控制精度。

在脉冲激光切割加工中,采用高精度的切割机床与控制技术,工件的尺寸精度可达微米数量级。在连续激光切割中,工件尺寸精度一般为±0.2 mm,高的可达±0.1 mm。

分析激光切割机状态的简单方法是在加工平台的4个角和中央5个位置,分别切割如图 4.2.2 所示的八角形加一个内圆形状的试件。采用八角形可以确认全方位切割的方向性,并且不会因受热集中而造成切割质量恶化。可以从对边尺寸(A、B、C、D)、圆度(A′、B′、C′、D′)、切割面的表面粗糙度和倾斜度等方面来评估试件样品。为了更加简单地判断加工精度,可将激光切割机维修后加工的同样试件作为极限样本进行保存,并定期确认切割精度。

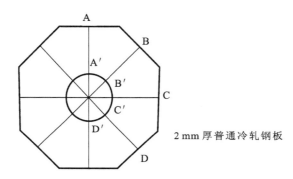

图 4.2.2　确认激光切割机性能的实例

注:1. 加工形状:边长为 100 mm,圆孔直径为 30 mm。

2. 测量位置:A、B、C、D 4 个位置的对边线之间的长度以及 A′、B′、C′、D′ 4 个位置的直径。

3. 检验标准:对边线之间长度的误差在±0.07 mm 内,直径的误差在±0.06 mm 内。

(二)激光切割的切口质量

激光切割的切口质量要素,主要体现在切口宽度、切割面的表面粗糙度、切割面的倾斜角、热影响区和粘渣等几个方面。

1. 切口宽度

激光切割金属材料时的切口宽度,与光束模式和聚焦后的光斑直径有很大的关系。CO_2 激光束聚焦后的光斑直径一般在 0.15～0.3 mm 之间。激光切割低碳钢薄板时,焦点一般设在工件上表面,其切口宽度与光斑直径大致相等。随着切割板材厚度的增加,切割速度下降,就会形成上宽下窄的 V 形切口,且上部的切口宽度大于光斑直径。一般来说,正常切割时,CO_2 激光切割碳钢时的切口宽度为 0.2～0.3 mm。

2. 切割面的粗糙度

图 4.2.3 表示了切割不同板厚碳钢时的切割面的表面粗糙度,切割面的表面粗糙度几乎与板厚的平方成比例恶化,而且在切割面下部,这种倾向更为明显。影响切割面的表面粗

糙度的因素较多,除了光束模式和切割参数外,还有激光功率密度、工件材质和厚度等。对于较厚的板料,沿着厚度方向,切割面的表面粗糙度存在较大差异,一般上部小、下部大。采用聚光性高的短焦距透镜和尽量高的切割速度,有利于改善切割面的表面粗糙度。

3. 切割面的倾斜角

当激光切割金属和非金属材料时,切口形成的机理不同,切割面形状也不同,如图 4.2.3 所示。图 4.2.4(a)表示了切割金属材料时切口内的激光传播特性。激光在切口壁之间的多次反射,向板厚方向传播的能量逐渐减弱,靠近中心部位的激光才能达到足够的功率密度。图 4.2.4(b)表示了切割非金属材料时切口内的激光传播特性。在切口壁上几乎没有激光反射,焦点下方的切口形状随光束的扩展而膨胀,但随着板厚方向输出能量的减弱,切口宽度会变窄。工件切割实验表明,切割面倾角的大小与激光功率密度、焦点位置、切割方向、切割速度等因素有关,但一般都在 1° 以内,基本上看不出明显的倾角。

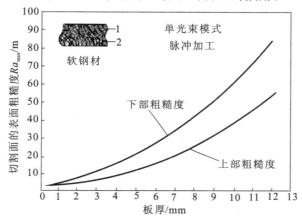

图 4.2.3　切割面的表面粗糙度

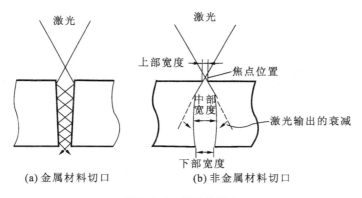

图 4.2.4　切口的形状

4. 热影响区

在激光切割钢材过程中,切割面处于材料熔点以上温度,光束离开后就会迅速冷却(工件本身的热传导)。由此造成钢材一部分呈现淬火状态,激光再无法进行钻孔等后续加工,如果在切割部分进行弯曲加工,则会出现龟裂现象。淬火硬度与材质的含碳量成比例,所以低碳钢材质不硬化,而中高碳钢材质则会完全硬化。

图 4.2.5 所示的就是切割 6 mm 厚的 SS400 和 SK3 板材时,从切割面一侧测定板材中央部分硬度的结果。可见,SS400 几乎没有硬化,而 SK3 在切割面附近约达到 800HV 的硬度,在距切割面 0.15 mm 左右才与母材硬度大致相同。

图 4.2.6 表示了 SK3 切口截面板厚上部 Hu、中央部分 Hm、下部 Hd 位置的硬化层(200HV 以上)的厚度。切口左右的硬化层对称均匀,从被加工件上部到下部逐渐增加。这是因为熔融金属从上部向下部流动,越靠近下部,高温熔融金属滞留的时间就越长。

5. 粘渣

粘渣是指激光切割中在被加工件背面切口附近附着的熔融金属飞溅物,如图 4.2.7 所示。粘渣受切割条件、被加工件的材质、材料厚度等因素影响。对于碳钢,如果设定的加工条件适当,就很少发生粘渣的现象。在厚板切割时会出现粘渣,但很容易清除。氧助熔化切割不锈钢钢板时,很难避免粘渣的发生,而且产生的粘渣很硬,很难清除。当板厚大于 6 mm 时,被氧化的粘渣有变脆的倾向。用氮气进行无氧切割不锈钢钢板,可大幅降低粘渣量。

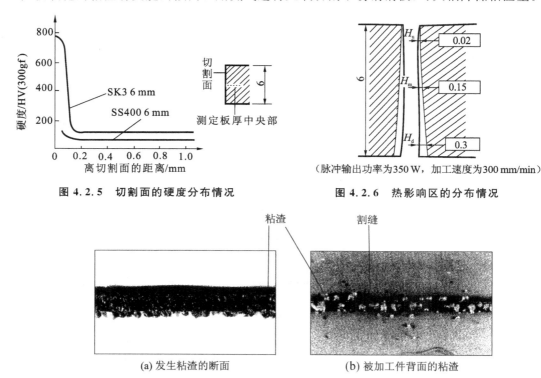

图 4.2.5 切割面的硬度分布情况

图 4.2.6 热影响区的分布情况

图 4.2.7 激光切割中的粘渣

用激光切割薄板时,切口宽度、切割面的表面粗糙度等易满足要求,而用户最关心的是切口上的粘渣。但粘渣是一个难以量化的指标,主要通过肉眼观察切口粘渣的多少来判断切割质量的好坏。

二、影响激光切割质量的主要因素

影响激光切割质量的因素有很多,主要因素可以归纳为两类:一类是加工系统性能和激光束品质,另一类是加工材料因素和工艺参数,如图 4.2.8 所示。还有一些因素要根据具体的加工对象和用户的质量要求作出选择,进行相应调整。作为一个完整的系统,必须对激光切割可调因素与加工质量之间的关系进行深入研究,建立相应的数据库。

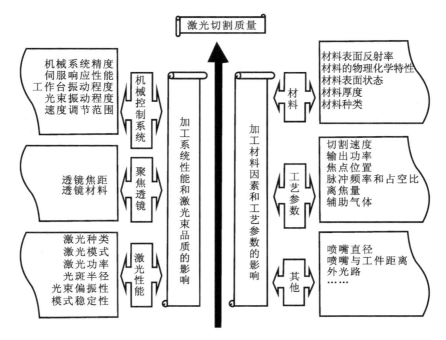

图 4.2.8 影响激光切割的因素

激光切割的一个重要优点就是,可以对影响激光切割的主要因素实行高度控制,使激光切割零件质量能充分满足客户的要求,并且重复性很好。

(一)激光参数对切割质量的影响

1. 激光模式

激光模式直接影响激光束的聚焦能力,即相当于影响激光切割割炬的尖锐度。最低阶模是基模 TEM00,光斑内能量呈高斯分布。它几乎可把光束聚焦到理论上最小的尺寸,如几个微米直径,形成极高的功率密度。在输出总功率相同的情况下,基模光束焦点处的功率密度比多模光束的高两个数量级。而高阶或多模光束的能量分布较分散,经聚焦的光斑较大而功率密度较低。

对激光切割来说,基模光束因可聚焦成较小光斑而获得高功率密度,相比高阶模光束更为有利。用基模激光切割材料时,可获得窄的切缝、平整的切边和小的热影响区。

光束的模式越低,聚焦后的光斑尺寸越小,功率密度和能量密度越高,切割性能也就越好。在切割低碳钢时,采用基模 TEM00 时的切割速度比采用 TEM01 模式的高 10%,而其切割面的表面粗糙度 Ra 则要低 10 μm,如图 4.2.9 所示。在最佳切割参数时,切割面的表面粗糙度 Ra 只有 0.8 μm。图 4.2.10 所示的为激光切割 SU304 不锈钢板材不同模式对切割速度的影响,从中可以看出,采用基模激光的切割速度要高于同样功率的复式模激光的速度。

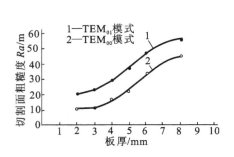

图 4.2.9　光束模式对切割面粗糙度的影响

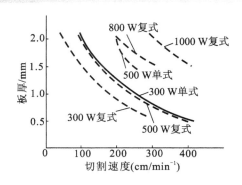

图 4.2.10　不同光束模式的切割速度比较
（材料为 SUS 304 不锈钢）

2. 激光束的偏振

激光切割的切缝质量与光束的偏振性密切相关。几乎所有用于切割的高功率激光器都是平面偏振的,因而切割过程中光束的偏振面与光束运行方向夹角不同时,切缝质量就有差别。这种现象在切割大多数金属和陶瓷材料时体现得更为明显。如图 4.2.11 所示,光束运行方向与光束偏振面平行时,光束能量被最好地吸收,此时切缝窄,切边平直,切割速度快。当切割方向偏离光束偏振面时,能量吸收减少,最佳切割速度降低,切缝变宽,切边逐渐变得粗糙且不平直,切口纵深有一斜度。一旦切割方向与偏振面完全垂直,切口纵深不再倾斜,这时,切速更慢,切缝更宽,切割面更为粗糙。

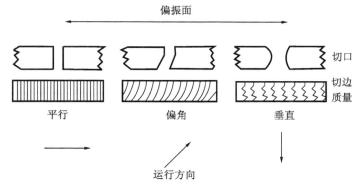

图 4.2.11　光束偏振方向与切割质量关系示意图

实际切割中,对复杂工件来说,很难始终保持切割方向与光束偏振面平行。现代激光切割系统一般在光束聚焦前通过圆偏振镜将激光器出射光束转换为圆偏振光束,从而可消除线偏振光束导致切割质量不良的影响,在不同切割方向均可获得均匀一致的高质量切缝。

3. 光斑直径

激光切割的切口宽度与光束模式和聚焦后光斑直径有很大的关系。辐照激光的功率密度和能量密度都与聚焦激光光斑直径 d 有关,为了获得较大的功率密度和能量密度,在激光切割加工中,要求光斑直径 d_0 尽可能小。光斑直径的大小与激光器输出光束直径 D 及发散角 θ、聚焦透镜的焦距 f 大小有关。对于一般激光切割中应用较广的 ZnSe 平凸聚焦透镜,其光斑直径 d_0 为

$$d_0 \approx 2f\theta \qquad (4-1)$$

激光束本身的发散角越小,光斑的直径也会越小,就能获得好的切割效果。减小透镜焦距 f 有利于缩小光斑直径,提高功率密度,适合薄板高速切割。若 f 减小,透镜与工件的间距也缩小,切割时熔渣会飞溅到透镜表面,影响切割的正常进行和透镜的使用寿命。同时,f 减小时,焦深缩短,这对切割较厚的板材,不利于获得上部和下部等宽的切缝,影响切缝质量。当透镜焦长增加时,聚焦光斑尺寸增加 1 倍,焦深可随之增加 3 倍。对于实际切割应用来说,最佳的光斑尺寸应根据被切割材料的厚度来考虑。切割较厚板材时,为了获得最佳切割质量,光斑尺寸也应适当增大。

(二)工艺参数对切割质量的影响

1. 激光输出功率

激光输出功率是与熔融被加工材料能力有直接关系的参数,影响的程度则依被加工材料对激光的反射率、熔点、耐氧化性的不同而有所不同。对特定材料,激光输出功率越大,所切割的材料厚度也越厚。

激光功率增加,切割速度增加时切割质量仍然很好,切割速度的变化范围也随之扩大,这样也就提高了切割的质量稳定性和效率。

激光输出功率变化,在其他条件不变时,激光功率密度也变化。激光功率密度 P_0 与切割面表面粗糙度 Rz 的关系如图 4.2.12 所示,随着激光功率密度的提高,表面粗糙度降低。当功率密度 P_0 达到某一值后,表面粗糙度 Rz 值不再减小。

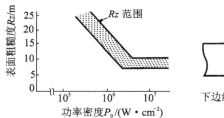 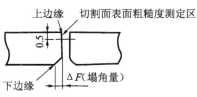

图 4.2.12 激光功率密度与切割面表面粗糙度的关系

可以根据加工过程中火花和加工后切割面的情况,来判断使用的激光输出功率是否合适。

如图 4.2.13 所示,激光输出功率远大于标准值时,切缝周围的热影响区(烧痕)增大,转角部位出现熔损,切割面条痕变粗,且从上部垂直延伸至下部。

如果激光输出功率远小于标准值,则切缝下部显著变粗,成为凹进去的状态。而且,粘渣的附着量增多并很难去除。切割过程中的火星明显滞后于切口前端。

合适的激光输出功率在一定的范围内,被加工板材越薄,功率调节范围就越宽。在适当的激光输出功率条件下的加工,切割面的条痕细,下部相对于光束部位稍有滞后。

2. 切割速度

激光输出功率和切割速度一起决定被加工件的热输入量,激光切割速度直接与有效功率密度成正比。而激光功率密度又与激光输出功率、光束模式和光斑尺寸有关。除此之外,切割速度还与材料密度、材料起始蒸发能和材料厚度有关。

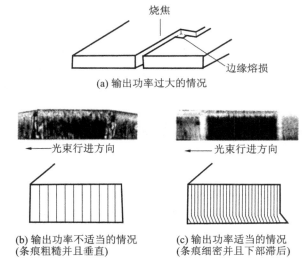

(a) 输出功率过大的情况

(b) 输出功率不适当的情况
(条痕粗糙并且垂直)

(c) 输出功率适当的情况
(条痕细密并且下部滞后)

图 4.2.13　输出功率对加工的影响

对于金属材料,在特定工艺条件下,切割速度有一个合理的调节范围,如图 4.2.14 所示。曲线上限表示允许的最高切割速度,下限表示防止材料切割时发生过烧的最低切割速度。图 4.2.15 所示的为钢在某一功率条件下,材料厚度和切割速度的关系曲线。

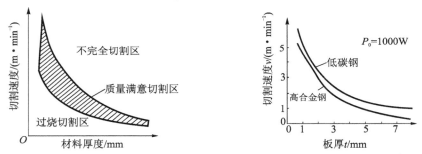

图 4.2.14　切割速度与材料厚度的关系　　**图 4.2.15　钢板切割速度与材料厚度的关系**

切割速度对切逢宽度、热影响区大小和切口表面粗糙度有较大影响。如图 4.2.16 所示,随着切割速度的增加,切缝顶部宽度和热影响区大小都减小,而切缝底部则存在最小值。切割速度与切口表面粗糙度的关系如图 4.2.17 所示,速度过低时,切口宽度增大,切口波浪形比较严重,切割面变得粗糙。随着切割速度的加快,切口逐渐变窄,直至上部的切口宽度相当于光斑直径。此时切口呈上宽下窄的 V 形。继续增加切割速度,上部切口宽度仍然减小,但下部相对变宽而形成倒 V 形。

总之,切割速度取决于激光的功率密度及被切割材料的性质和厚度等。在一定的切割条件下,存在最佳的切割速度范围。切割速度过高,切口清渣不净;切割速度过低,则材料过烧,切口宽度和热影响区过大。要获得最佳切割效果,就要保持恒定的最佳切割速度。实际切割中,激光切割头有一定的惯量,在启动、停止或加工到轨迹图形的拐角处时存在一个加速和减速的过程。对于质量要求较高的切割加工,必须调整其他参数(如减小激光功率或转换成脉冲输出),或者在程序设计时设置辅助切割路径,把加速段或减速段放到工件以外(见

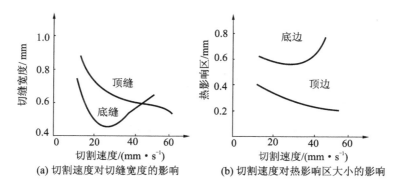

(a) 切割速度对切缝宽度的影响   (b) 切割速度对热影响区大小的影响

图 4.2.16 切割速度对切缝宽度和热影响区大小的影响

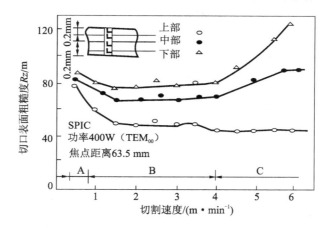

图 4.2.17 切割速度对切口表面粗糙度的影响

图 4.2.18),避免被加工件尖角部位因热集中而烧蚀,从而保证加工的质量。

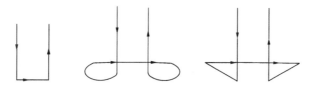

图 4.2.18 工件拐角处的切割编程方法

3. 焦点位置

在透镜的焦距确定后,焦点与工件表面的相对位置对激光切割的质量会产生很大影响。对于金属薄板(板厚 6 mm 以内)的切割,焦点在材料表面上下一定范围内都可获得不粘渣的切割面,如图 4.2.19 所示。但焦点位置的不同对切缝宽度和切割面表面粗糙度有较大影响,分别如图 4.2.20 和图 4.2.21 所示。由图 4.2.20 可以看出,当焦点位置在工件表面以下时可以获得最

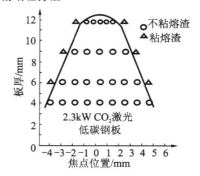

图 4.2.19 切割质量与焦点位置的关系

小的割缝宽度。图 4.2.21 所示的 a_b 为工件表面到聚焦透镜距离与焦距的比值,当 $0.998 < a_b < 1.003$ 时,切口最好。

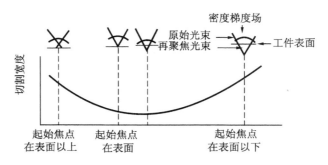

图 4.2.20 焦点位置对切缝宽度的影响

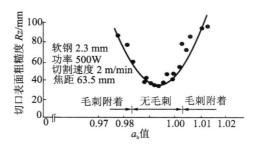

图 4.2.21 焦点位置对切割面表面粗糙度的影响

大多数情况下,焦点位置设置在工件表面或稍微在工件表面以下。对于不同的激光切割机以及不同的切缝宽度和质量要求,具体的焦点位置应由实验确定。有时在切割过程中,透镜冷却不良会产生热形变,从而引起焦距的变化,或切割进行中气流密度梯度场造成再聚焦作用也会导致焦点位置的变化,因而带来切割质量的变化,这就需要及时调整焦点位置。

4. 辅助气体

一般情况下,激光切割需要使用辅助气体。辅助气体对激光切割质量的影响来自两个方面:一是辅助气体的种类,一是辅助气体的压力。在激光切割中,辅助气体的主要作用是驱除熔渣,保护透镜不受污染,冷却切缝邻近区域以减小热影响区。如果辅助气体是非活性气体,则它还起到排开空气中氧气,以保护被切割材料不被氧化或过度燃烧的作用;如果辅助气体是活性气体,则它还会与金属产生放热化学反应,起到增加切割能量的作用。一般来说,辅助气体与激光束同轴喷出。

如何确定辅助气体的种类,牵涉有多少热量附加到切割区的问题。如分别使用氧和氩作为辅助气体切割金属时,热效果就会出现很大的不同。对于大多数金属,采用氧助熔化切割,即使用活性气体(主要为氧气)。据估计,氧助切割钢材时,来自激光的能量仅占切割总能量的30%,而70%的能量来自于铁与氧气产生的放热化学反应。附加能量能将激光切割速度提高 $1/3 \sim 1/2$。但对于活泼金属的氧助熔化切割,由于化学反应太激烈,所以易引起切割面表面粗糙,宜用低氧浓度辅助气体,或直接使用空气。如果要获得高的切边质量,如切割钛,也可使用惰性气体。

非金属激光切割对辅助气体物理性质和化学活性没有金属那样敏感,一般使用压缩空气。

对于确定的辅助气体,气体压力大小也是影响激光切割质量的重要因素。激光切割对辅助气体的基本要求是,进入切口的气流量要大,速度要快,以便有充足的气体透过氧化物到达切口前沿与材料进行充分的放热反应,并有足够的动量驱除熔渣。辅助气体的压力过低,不足以驱除切口处的熔融材料;压力过高,易在工件表面形成涡流,也会削弱气流驱除熔融材料的作用。当高速切割薄形材料时,需要较高的气体压力来防止产生切口粘渣。当材料厚度增加或切割速度较慢时,则气体压力宜适当降低。

(三)其他因素对切割质量的影响

1. 工件材料特性

工件材料特性对切割质量影响很大,甚至能决定是否被切割。影响激光切割质量的材料因素主要有:材料表面反射率、材料的物理化学特性、材料表面状态、材料厚度等。其中,材料表面反射率是一个关键因素,它直接影响材料对激光束能量的吸收率,而对激光能量的吸收是实现激光加工的前提,吸收率的大小决定激光加工的能量利用率。

固体金属对激光的吸收率与入射激光波长、入射激光功率密度、材料电导率、材料温度、材料表面状况、入射光的偏振特性等有关。入射激光波长越长,激光功率密度越低,材料电导率越大,材料表面越光滑,材料表面无能量吸收层或氧化层,材料温度越低,材料反射率就越高。部分具有光洁表面的金属材料在常温下的吸收率与入射激光波长的关系如表 1.2.1 所示。

尽管大多数金属在室温时对 $10.6~\mu m$ 波长的 CO_2 激光的反射率一般都超过 90%,然而,金属一旦熔化、汽化、形成小孔后,对光束的吸收率急剧增加。非金属材料对 CO_2 激光的吸收较好,即具有高的吸收率。图 4.2.22 所示的为金属材料吸收率随表面温度和功率密度的变化而变化的曲线。

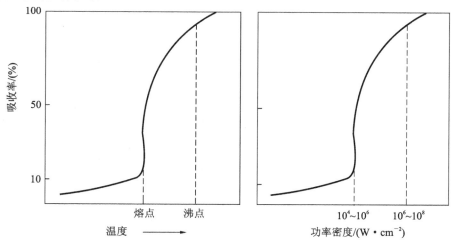

图 4.2.22　金属材料吸收率随表面温度和功率密度的变化

2. 喷嘴

辅助气体的气流及大小与喷嘴的结构紧密相关,喷嘴喷出的气流必须与去除切缝熔融材料和加强切割的要求相匹配。喷嘴孔尺寸必须允许光束顺利通过,避免孔内光束与喷嘴壁接触。目前激光切割用喷嘴常采用锥形带端部小圆孔的简单结构。实际应用中,为了减少光路调试时激光对喷嘴的损坏和减少反射激光对喷嘴的损坏,喷嘴一般采用对激光反射率较高的紫铜制造。由于是易损零件,所以常设计成易更换的小体积部件。在切割加工时,从喷嘴侧面通入一定压力的气体(称为喷嘴压力),气流从喷嘴小孔喷出,在空气中膨胀,速度加快,经一定距离到达工件表面的气流压力(称为切割压力)已经减弱。若切割压力太小,则会影响激光切割质量和切割速度。

在一定的辅助气体压力下,影响切割压力大小的因素有喷嘴直径和喷嘴与工件之间的距离。图 4.2.23 所示的为在一定的激光功率和辅助气体压力下,喷嘴直径对 2 mm 厚低碳钢板切割速度的影响。从图中可以看出,存在一个可获得最大切割速度的最佳喷嘴直径值。不管是用氧气还是用氩气作为辅助气体,这个最佳值都在 1.5 mm 左右。对于切割难度较大的硬质合金,其最佳喷嘴直径也与上述结果极为接近,如图 4.2.24 所示。

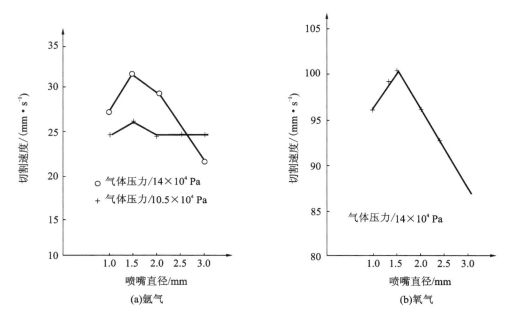

图 4.2.23　切割速度与喷嘴直径的关系

喷嘴直径还影响切缝宽度和热影响区等切割质量要素,如图 4.2.25 所示。由图可见,

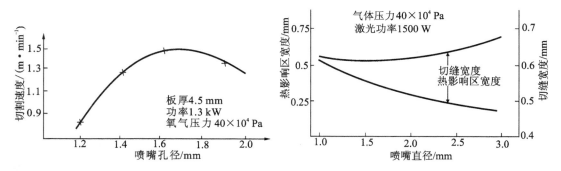

图 4.2.24　硬质合金的激光切割速度与喷嘴直径的关系　　**图 4.2.25　喷嘴直径对切缝质量的影响**

随着喷嘴直径的增大,从喷嘴喷出的气流对切割区周围母材冷却作用加强,热影响区变窄。同时,随着喷嘴直径的增大,切缝变宽。常用喷嘴直径为 $1\sim1.5$ mm。

在喷嘴直径一定、喷嘴压力小于 300 kPa 时,切割压力与喷嘴到工件表面距离的关系如图 4.2.26 所示,存在若干高切割压力区。第一高切割压力区紧邻喷嘴出口,距离喷嘴为 0.5 ~1.5 mm,切割压力大而稳定,实际激光切割中常采用此工艺参数。第二高切割压力区出现在距离喷嘴 $3\sim3.5$ mm 处,切割压力也较大,同样可以取得好的切割效果,并有利于保护透镜。其他高压力区由于距离喷嘴太远,聚焦激光易被喷嘴阻挡而不被采用。

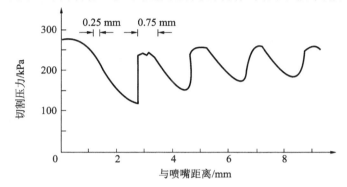

图 4.2.26　切割压力与喷嘴到工件表面距离的关系

当喷嘴压力大于 300 kPa 时,会产生正激波。切割压力与喷嘴到工件表面之间的距离的关系如图 4.2.27 所示,不再有明显的周期性压力变化,高切割压力出现在距喷嘴出口非常近的区域,其他区域切割压力太低。

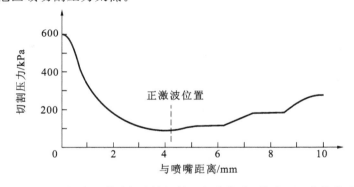

图 4.2.27　具有正激波气流的切割压力喷嘴到工件表面距离的关系

采用锥形喷嘴的激光切割中,工件与喷嘴的距离一般应控制在 $1\sim2$ mm 内。

为了同时获得高切割压力和大的喷嘴距离,必须在提高喷嘴压力的同时避免正激波。这就要求采用一些特殊形状的喷嘴,如拉伐尔(Laval)喷嘴,其出口处为渐扩管,直径较大,出口处为超音气流,切割压力较大,特别适合高功率 CO_2 激光切割较厚钢板的宽切缝应用。

3. 外光路系统

激光切割系统的外光路系统包括传输和聚焦两个部分,激光器输出的原始光束通过外光路系统以极高的功率密度准确地传输到工件表面。外光路系统中任何一个光学元件的位置发生变化或受到污染,都会影响激光切割的质量,甚至导致切割不能正常进行。

在切割过程中,为保证光束正确地传输到透镜中心并聚焦成很小的光点,实现对工件的高质量切割,应对外光路系统的光学元件定期检查,及时调整。

外光路系统镜片受到气流中的杂质或切割时飞溅的质点污染,直接影响光束的能量传输,造成镜片过热。若镜片冷却不良,镜片也会产生过热。透镜过热会导致焦点变化,引起光路准直度飘移,导致切割质量不稳,严重时甚至损坏透镜。因此,光学元件一旦受到污染,就应及时进行清理。

三、激光切割的应用

(一) 金属材料的激光切割

激光器研制成功不久,便用于切割各种非金属材料,激光切割非金属材料一直发展很快。早期用激光切割金属材料发展较慢,这是因为金属表面对激光的反射率高,热传导性能好。随着大功率、长寿命的激光器的出现,虽然金属对激光的起始吸收率很低(金属对 $10.6~\mu m$ 波长的激光束起始吸收率只有 $0.5\%\sim10\%$),当有超过 $10^6~W/cm^2$ 的高功率密度的激光束照射到金属表面时,被照射区金属却能在微秒数量级时间内很快熔化或氧化,熔化金属和氧化层对激光的吸收率急剧增加,可以提高到 $60\%\sim80\%$。一旦完成穿孔,金属对激光的吸收率更高,可达 90% 以上。

金属材料的切割通常采用快纵流 CO_2 激光器,是因为快纵流 CO_2 激光器光束具有质量好的特点。

1. 碳钢

碳钢是一种以碳为主要添加元素的铁碳合金,其中低碳钢板的激光切割是激光切割技术应用最广泛的领域。利用现代激光切割系统切割碳钢板材的最大厚度已达 $20~mm$ 以上。铁的氧化反应产生大量的热量,可以作为激光切割的辅助热源,这部分能量甚至占到全部切割能量的 60% 以上,使激光切割碳钢的能力大大提高。

在铁氧燃烧过程中,铁与氧气的反应有三种方式:

$$2Fe+O_2\longrightarrow 2FeO+267~kJ \tag{4-2}$$

$$3Fe+2O_2\longrightarrow Fe_3O_4+1120.5~kJ \tag{4-3}$$

$$4Fe+3O_2\longrightarrow 2Fe_2O_3+823.4~kJ \tag{4-4}$$

在氧助熔化激光切割过程中究竟发生哪种氧化反应,可以通过熔渣成分的分析来确定。图 4.2.28 所示的为氧助熔化激光切割低碳钢的熔渣组成与切割速度的关系。从图中可以看出,燃烧反应主要以式(4-2)为主。低速切割时,由于割缝部位氧气供应充足,燃烧反应占主导地位,几乎所有的铁都参与了燃烧反应,生成 FeO,还有一小部分生成了 Fe_3O_4。此时,由于切割速度跟不上燃烧反应的速度,过剩的反应热就使切口发生过度熔化,形成较宽的、不整齐的切口,切割面表面粗糙度大、热影响区也较大,切缝底面还会产生挂渣,从而使切割质量下降。随着切割速度的加快,熔渣中铁的成分不断增加,利用激光束能量熔化工件的比重增加,而燃烧反应所产生热量的比重降低。

氧化反应生成的氧化铁层并不会阻碍氧气与熔融铁的接触,氧气可自由地穿过氧化层到达熔化材料表面,使氧化反应能随光束的快速移动而连续进行。同时,氧化的熔融物的黏度低,与周围基材的黏附力低,因而熔渣可以很容易地被氧气流吹走,从而获得没有残留液滴的光洁切口。

图 4.2.29 所示的为不同厚度低碳钢切割速度随功率密度的变化而变化的关系曲线。

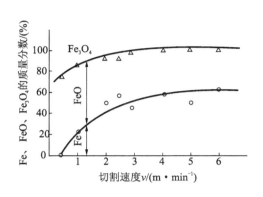

（低碳钢板厚 2 mm；激光功率 900 W；氧气压力 0.147 MPa）

图 4.2.28　熔渣组成与切割速度的关系

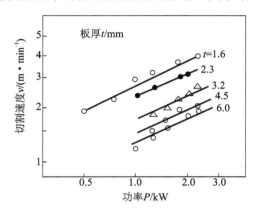

图 4.2.29　不同厚度低碳钢切割速度随功率密度的变化而变化的曲线

在精细切割速度下，激光切割低碳钢的切缝平整、光滑，垂直度好，切割热影响区很小，切薄板时不易挂渣，切厚板时虽会出现挂渣，但容易清除，切割速度也高。如所切割的板厚增加，则宜采用较大直径的喷嘴和较低的氧气压力，以防止切口边缘被烧坏。随着含碳量的增加，切口质量会略有提高，但其热影响区也有所增大。激光切割镀锌或涂塑薄钢板的质量也很好，其切割速度快，不变形，节省材料，切割热影响区小，不破坏近缝区锌或塑料涂层。

研究表明，低碳钢内磷、硫偏析区的存在会引起切边的熔蚀，因此，含磷、硫杂质低的优质钢的激光切割质量优于含磷、硫杂质高的普通钢。

2. 不锈钢

由于不锈钢具有优异的耐蚀性、成型性、相容性，以及在很大温度范围内的高韧度等系列特点，所以在重工业、轻工业、生活用品行业以及建筑装饰等行业中应用广泛。因此，不锈钢薄板的激光切割在工业生产中占有较大的比重。不锈钢的切割性质与低碳钢相似，在低的切割速度下不能获得高的切割质量，其精细切割速度范围随激光输出功率增大而变大。

激光切割不锈钢薄板是一种非常行之有效的加工方法，在切割过程中通过严格控制热输入，可以使切边热影响区减到很小，从而保证不锈钢材料良好的耐腐蚀性不遭破坏。

常用的不锈钢有三种形式：奥氏体不锈钢（如 1Cr18Ni9Ti）、马氏体不锈钢（如 Cr13）和铁素体不锈钢（如 Cr18）。一方面，氧助熔化切割时不锈钢中的铁和铬均与氧发生放热反应，其中铬的氧化物有阻止氧气进入熔化材料的特性，使熔化层氧化不完全，反应热减少，切割速度较低，如图 4.2.30 所示。另一方面，由于熔化物氧化程度低，与基材之间有较大的黏附力，不易完全从切口吹除，较易在切口的下部产生挂渣。对含镍元素的奥氏体不锈钢来说，镍元素对激光能量在材料中的耦合和传输有阻碍作用，尤其是切割过程中熔融镍的黏度较高，更易在切缝背面产生挂渣。与切割低碳钢相比，切割不锈钢需要更高的氧气压力和激光功率，如此也可以获得较满意的切割效果，但却很难获得完全无粘渣的切缝，对厚工件尤其是这样。

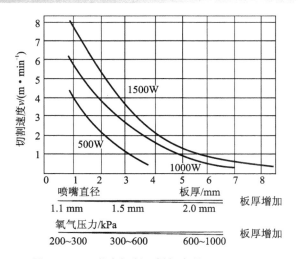

图 4.2.30 激光切割不锈钢参数

利用惰性气体作为辅助气体,熔化切割不锈钢可获得直接用来焊接的无氧化切边,但其切割速度与氧助熔化切割的相比要慢 1/2。采用高压氮气作为辅助气体,熔化切割不锈钢时,所需激光功率较高,可获得白亮、不氧化、不变色的切口。

3. 铝及铝合金

由于铝对波长为 10.6 μm 的激光束具有高的反射率和热导率,因此用 CO_2 激光器进行切割时,需要比钢更高的光束功率密度来克服阈值,形成初始汽化孔洞。汽化孔洞一旦形成,便可以大幅度提高铝材对光束的吸收率。为了提高铝材表面对激光能量的吸收率,可对铝材表面采取一些表面处理的措施,如表面打磨变糙、涂能量吸收层、表面阳极钝化等,也可以从板材边沿或预先开孔处起切。采用高重复频率,高峰值功率的脉冲激光是克服切割铝及其合金起切困难、获得良好切缝的更为有效的办法。

铝合金中的主要成分铝极易氧化,生成的氧化层会阻止氧气进入熔化区,阻碍熔化层的放热氧化反应,铝合金的激光切割宜采用熔化切割,采用压缩空气或氮气作为辅助气体,辅助气体的作用主要是从切割区吹掉熔融产物,以获得较好的切边质量。由于铝合金氧化生成的 Al_2O_3 熔渣,其熔点高达 2048℃,比母材的熔点高,而且铝在熔化状态下粘度大,流动性差,铝合金板的激光切割一般易在下表面出现粘渣。辅助气体的压力对切割效果有明显的影响,适当增大气体压力,可提高排渣能力,可使无粘渣的切割速度增加,但压力过大会使切割表面质量变差。合理的气体压力值取决于板厚。通常工件厚度≤3 mm 时气体压力应高些,而切割厚度>5 mm 时气体压力应降至 0.1～0.15 MPa。使用氮气时,最大切割速度低于用压缩空气的切割速度,但辅以氮气切割,粘渣量少,易于清除,切割面表面粗糙度明显下降。

使用激光切割铝合金时,存在的主要工艺问题之一是如何消除工件背面的粘渣。除选用合适的辅助气体、切割速度等加工参数外,还可以采用如下工艺措施来防止粘渣的产生:一是在铝及铝合金板背面预先涂以石墨系粘渣防止剂;二是利用铝合金板包装用的薄膜。铝合金薄板出厂时通常贴乙烯树脂薄膜以保护表面不受损伤。切割时将包装薄膜置于下面也可以防止粘渣产生。

在同样的激光功率下,铝合金的切割速度和可切板厚都比切割低碳钢时要小,如图

4.2.31所示。

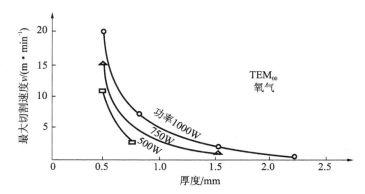

图 4.2.31 铝合金最大切割速度与激光功率板厚

4. 其他金属

钛与氧的化学反应激烈,氧助熔化切割钛及其合金时,切割速度快,容易引起切口过烧,一般采用压缩空气作为辅助气体,此时切口光滑,背面有少许粘渣,也很容易清除。用 CO_2 激光切割钛合金的典型切割速度如表 4.2.1 所示。

表 4.2.1 CO_2 激光切割钛合金的典型切割速度

板厚/mm	激光功率/W	辅助气体	切割速度/$(m \cdot s^{-1})$
1.6	500	氩气	0.025
2.2	500	氩气	0.025
2.2	500	氧气	0.033
6.4	500	氧气	0.017
6.4	1000	氧气	0.033
2.5	1000	氧气	0.10

铜与铝相似,具有高的热导率及对 CO_2 激光具有高的反射率,采用高重复频率、高峰值功率脉冲激光,以空气或氧气作为辅助气体,可以较好地切割铜合金薄板,切缝背面略有粘渣。

大多数合金结构钢和合金工具钢都能用激光切割方法获得良好的切口质量,像 Cr-Mo、Cr-Ni-Mo 等高强度材料在相应激光功率可能切割的厚度范围内,只要工艺参数控制得当,要获得平直、无粘渣切缝并不十分困难。但对含钨的高速工具钢和热模钢,激光切割会有熔蚀和粘渣现象发生。

(二)非金属材料的激光切割

绝大多数非金属材料对 CO_2 激光几乎完全吸收,其热导率小,热量的传导损失小,因此激光能量几乎全部被转换为辐照区材料的蒸发能,加上非金属材料的蒸发温度低,光斑所到之处,材料很快蒸发形成起始孔洞,进入正常切割。连续输出 100 W 的 CO_2 激光,就能满足许多非金属材料的切割加工要求。激光切割非金属的速度快,且切割质量优良。

对非金属材料进行激光切割,一般采用压缩空气作为辅助气体。非金属材料的激光切割机制有汽化、熔化、燃烧或控制断裂等。某些情况下,可以是以上两至三种机制的组合。

1. 有机材料

（1）塑料。对低熔点的热塑性塑料的激光切割，一般属于汽化切割，只要控制好工艺，就可获得无毛刺、无气泡的切缝底边，切割面光滑、平整。对于高强度塑料，为破坏其强聚合链，使用的激光功率密度较高，切割过程常伴有燃烧，使切边产生不同程度的碳化。对切割过程中燃烧产生的有害气体，要做好排放处理。

有些纯的塑料，如透明有机玻璃，对 $1.06~\mu m$ 的 YAG 激光的透射率较大，不适合用 YAG 激光切割，但它们对 CO_2 激光却几乎完全吸收，特别适合用 CO_2 激光切割。辅助气体（压缩空气）压力较高时，将在切缝附近的工件表面形成涡流，使熔融材料固化在切口上沿，在切缝上部留下 1 mm 左右的不透明带。压缩空气的压力足够低（10 kPa）时，可获得光滑、清澈的切割面。一般采用大直径喷嘴（2 mm）来获取低的辅助气体压力。但压缩空气压力过低时，容易导致材料的着火燃烧，损坏工件。

（2）木材。用激光切割木材非常有效。目前使用的激光器主要是 CO_2 激光器，较薄的材料，常用 100 W 以下的中小功率 CO_2 激光切割；较厚的材料，如多层胶木板的纸盒模板，常用 $500\sim1000$ W 的 CO_2 激光切割。

激光切割木材一般采用压缩空气作为辅助气体，存在两种不同的基本切割机制：汽化和燃烧，具体切割机制取决于激光束功率密度。激光功率密度较高时，辐照区材料通过光束能量作用汽化蒸发形成切缝，材料切割速度快，热量传递不到非辐照区基材，剖面无碳化，仅有轻微发暗和釉化。汽化机制是木材切割较理想的切割机制。激光功率密度低于汽化机制所需功率密度时，木材的切割机制则是一种燃烧机制。此时，切割单位材料所耗能量比汽化机制的增加 $2\sim4$ 倍，切割速度慢，切割面有碳化。实际的木材切割过程中，上述两种机制同时存在。这是因为实际激光照射过程中，由于受激光输出功率或光束模式的影响，总有部分激光辐照区域的激光功率密度达不到汽化切割所需的功率密度值。由于切割过程切缝材料无熔化流动，木材的激光切割切口通常都很平滑、精细，切边没有撕切和绒毛，切割面虽有碳化，但是通常仅局限于非常小的范围，一般不超过 $50~\mu m$。

（3）橡胶。在聚焦激光束的照射下，厚度小于 20 mm 的天然或人造合成橡胶都可容易被汽化切割。被激光切割的橡胶材料不产生机械变形，切边附近也不会发生硫化作用，切缝精确，切割速度高。

激光切割橡胶时要控制工艺参数，防止切边发黏。对于某些材料，特别是含碳黑的橡胶，切割后要及时清除切边边缘的碳层。

（4）纸。激光切割纸张具有较高的切割质量，切边光滑、结实、坚固，完全避免了使用机械切割所造成的刀痕和毛边等缺点。实际切割时，应注意控制好工艺参量，排除切边出焦斑的现象。

（5）布料纤维。激光切割布料的主要优点是，在切割过程中不产生碎片和尘埃。在切割某些合成纤维时还有自行热封边的辅助功效。由于激光属于非接触加工，切割后布料不产生压力松弛的现象，切割尺寸精准。布料单层切割速度可高达 20 m/min，也可层叠切割，其层叠厚度可超过 50 cm。

2. 无机材料

（1）石英。石英材料的线膨胀系数较低，耐热冲击，很适合用激光切割。激光切割石英材料的质量好,切割面光滑,断面无纵向裂纹,不需要进行切后清理,切割厚度可达 10 mm,切割速度比传统锯切的高两个数量级,切割时无尘埃,切边封接性好。切缝窄,如激光切割外径 8～13 mm 的石英管,切缝仅 0.5 mm 缝宽,大大低于机械切缝的 1.5 mm 缝宽,从而节省材料。

(2)陶瓷。陶瓷材料熔点高,耐热冲击,导热性差,几乎没有塑性,可采用控制断裂工艺进行激光切割。当激光束顺着预定的切割方向加热时,在光点周围很小区域引起定向的加热梯度和随之生成的高力学应力。这种应力使高脆性的陶瓷材料形成小裂缝。只要工艺参数选择并控制恰当,裂缝将严格沿着光束移动方向不断形成,从而把材料切断。例如,切割用于涡轮发动机上的硬脆陶瓷(如氮化硅),其激光切割速度比砂轮切割的快 10 倍,可以方便地切割出任意形状,而且不存在刀具损耗的问题。

以较小的激光功率就可以实现对陶瓷材料的快速切割,用连续 CO_2 激光切割时不可采用高功率,以免导致材料无规则龟裂。

(3)玻璃。激光束瞬间加热时玻璃表面产生汽化,在辅助气体的共同作用下,将部分熔融态玻璃排出加工区,形成激光切割。对于膨胀系数较低的玻璃(如硼硅酸盐玻璃),在适当预热措施下,可以进行激光切割。但对于大多数玻璃(如钠、钙玻璃),在激光热冲击下易产生裂纹,故一般不适合用激光进行切割。

(4)石材。石材包括岩石、混凝土、花岗石和矿石等。虽然石材都能较好地吸收 CO_2 激光束热能,但由于这类材料中含有水分、湿气,经激光束瞬间加热会引起爆炸而导致石材开裂,所以这类材料一般不适宜用激光切割。

(三)复合材料的激光切割

复合材料是由两种或两种以上不同材料经过适当的工艺方法组合成的多相材料。复合材料有不同类型,即有不同的组合。对两种切割性能完全不同的层合型复合材料,总的原则是先切割具有较好切割性能的材料的那一面,这样比较容易获得好的切割质量。当然,如果把两种切割性能截然不同的材料,甚至包括不能切割的材料组合在一起,就会是另一种切割结果。用激光切割电缆外包绝缘体就是一个典型的应用实例,在电线电缆工业中,为了连接电缆或从废电线上回收缆心,需要除去电缆外包塑料层。利用铜心对激光高的反射率和它本身的高热导率,在激光束照射下,铜缆的外包绝缘层可很方便切去,而铜心本身因不能被切割而保存下来。

评价与收获

将本任务的评价与收获填入表 4.2.2 中。

表 4.2.2 任务的评价与收获

过 程 评 价					
评价内容	认知态度	多媒体使用情况	团队协作情况	参与程度	任务完成情况
评价等级					
收获与反思					

巩固与练习

1. 影响激光切割质量的主要因素有哪些？

2. 激光切割质量包括哪些方面？请一一说明之。

3. 请举例说明激光切割的应用。

4. 请完成下述任务。

（1）要求：按顺序启动 JHM-1GY-300B 激光切割机，通过计算机编写程序，在 1 mm 不锈钢板上激光切割如图 4.2.32 所示的图形，单位为 mm，要求按照实际尺寸切割。

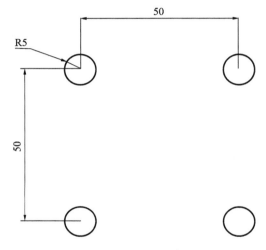

图 4.2.32 切割 4 个圆

（2）准备：以小组为单位，激光切割机 1 台、0.5 mm 不锈钢钢板 1 块、游标卡尺 1 把、转换片 1 个、直径 ϕ5 mm 小孔光阑 3 个，切割气嘴 1 个，氧气 1 瓶。

项目5

激光打孔技术

【项目描述】

本项目主要介绍激光打孔技术，内容包括激光打孔技术概述、激光打孔工艺两个任务，即包括激光打孔原理、激光打孔方法分类、激光打孔工艺概述和激光打孔的应用等知识。

【学习目标】

通过教学，学生可了解激光打孔原理，知道激光打孔方法分类；理解激光打孔工艺，知道激光打孔的应用。

【能力目标】

使学生养成分析激光打孔简单工艺的习惯，并具备运用激光打孔设备解决实际问题的能力。

任务 1　激光打孔技术概述

任务场景

随着现代工业和科学技术的迅速发展,使用硬度大、熔点高的材料越来越多,而传统的加工方法已不能满足某些工艺需求。例如,在高熔点金属钼板上加工微米数量级的孔径,在硬质碳化钨上加工几十微米深的孔,以及金刚石拉丝模、化学纤维喷丝头的打孔等。这一类的加工任务用常规的机械加工方法很难实现,有时甚至是不可能的,而用激光打孔则不难实现。激光束在空间和时间上的高度集中,可以将光斑直径缩小到微米数量级,从而获得很高的功率密度,几乎可以对任何材料进行激光打孔。激光打孔现场如图 5.1.1 所示。

图 5.1.1　激光打孔现场

任务要求

了解激光打孔原理,知道激光打孔方法分类。

任务准备

1. 网上检索相关图片和视频,下载并编辑。
2. 多媒体及课件。

基本活动

一、激光打孔原理

现今的打孔方法有钻头钻孔方法、电火花加工打孔方法、激光打孔方法等。钻头钻孔适合打大孔,若打直径在 2 mm 以下的孔,钻头易断,产品废品率较高。电火花加工打孔若打直径在 0.2 mm 以上的孔,则加工速度很慢。激光打孔可以打直径在 0.06 mm 以上的孔,速度较快。

激光打孔是最早达到实用化的激光加工技术,也是激光加工的重要应用领域之一。激光打孔可用于金属材料和非金属材料的打孔,如钢、铍、钨、钼、钽、镁、锗、硅、轻金属、铜、锌、铝、不锈钢、耐热合金、镍基硬质合金、钛金、白金、普通硬质合金、磁性材料和陶瓷基片、人工宝石、金刚石膜、陶瓷、橡胶、塑料、玻璃等的打孔。固体受热蒸发而形成孔洞的激光加工过程称为激光打孔。激光束在空间和时间上高度集中,利用透镜聚焦,可以得到 $10^5 \sim 10^{15}$ W/cm² 的激光功率密度,如此高的功率密度几乎可对任何材料进行激光打孔,例如,在红蓝宝石上加工几百微米深的孔,以及金刚石拉丝模、化学纤维喷丝头等的打孔。

激光打孔过程是一个激光和物质相互作用的热物理过程,它是由激光光束特性(包括激光的波长、脉冲宽度、激光光束发散角、聚焦状态等)和物质诸多的热物理特性决定的。激光打孔在激光加工中属于激光去除类加工工艺,也称为蒸发加工。激光波长单一、亮度极强、空间相干性和时间相干性都非常好,它具有良好的可聚焦性。激光经过光学系统的整理、聚焦和传输,在焦点处可得到直径为十至十几微米的细小光斑,使得焦点处激光的功率密度高达 $10^5 \sim 10^{15}$ W/cm²。材料因吸收激光而获得能量,并将光能转化为其他形式的能量,其中热能将使材料局部温度升高,能使各种类型的被加工材料熔化或汽化,实现激光去除材料的加工过程。激光打孔示意图如图 5.1.2 所示。

激光打孔过程:聚焦的高能量光束照射在工件上,使被加工工件表面激光焦点部位的温度急剧上升,瞬间可达上万摄氏度以上。当温度升至接近于材料的蒸发温度时,激光对材料的去除加工开始进行。此时,固态金属发生强烈的相变,最先出现液相金属,进而产生待蒸发的气相金属,随着温度的不断上升,金属蒸气携带着液相物质以极高的速度从液相底部猛烈地喷溅出来。在喷溅物中,大约有 4/5 的液相物质被高压金属蒸气从加工区内排出,从而完成打孔过程。在这一过程中,金属蒸气仅在光照脉冲开始的 $10^{-10} \sim 10^{-8}$ s 内就形成了,而用于激光脉冲打孔的脉冲宽度均大于 10^{-4} s。当金属材料一旦形成蒸气喷射时,会对光通量的吸收产生很大影响。由于金属蒸气对光的吸收比固态金属对光的吸收要强烈得多,所以这时的光通量几乎全部被吸收用来使金属升温,金属材料将继续被强烈地加热。而用于去除材料的光通量远比热扩散的光通量要大得多,金属蒸气流的温度及发光亮度都有显著提高。由此,在开始相变区域的中心底部形成强烈的喷射中心。蒸气喷射的状况表现为:开始是在较大的立体角范围向外喷射,随后逐渐聚拢,形成稍有扩散的喷射流。此时,由于相变的产生极为迅速,尚未使横向熔融区扩大,就已被金属蒸气全部携带喷出。激光光通量几乎完全用于沿轴向逐渐深入材料内部,以去除内部金属材料。由于光通量总是具有一定的能量,横向尺寸由最初的喇叭口形逐渐收敛到一定值后,便会达到稳定不变的状态。这种状态一直维持到激光脉冲即将结束,这时激光光强开始迅速减弱,已熔化但尚未被排出的液相材料会重新凝聚在孔壁上,形成再铸层。由于再铸层的厚度、残留状态及分布情况都是无规则的,因此,对激光打孔的精度和重复性都会产生一定影响。一般来讲,再铸层的形态取决于材料的性质和激光脉冲波形的尾缘形状,尾缘越陡,再铸层越薄。

由上述可以看出,材料的熔化和蒸发是激光打孔的两个最基本的过程。其中提高汽化蒸发的比例可以增加孔的深度,而加大孔径主要靠孔壁熔化和材料蒸气压力以飞溅的方式将液相物质排出加工区来实现。

根据一些几何关系,可对激光打孔中激光束的几何参数和总能量与孔的深度及孔径之间的关系进行估算。估算的结果对于激光打孔工艺的选择有参考价值。图 5.1.3 所示的是激光打孔几何原理简图,激光器输出的光束直径为 D,发散角为 α,经过会聚透镜在材料表面上聚焦,其会聚角即会聚后的激光光束发散角为 2γ,激光束腰半径为 r_0,孔底半径为 r,通过推算可以得出,激光打孔的孔深和孔径与激光脉冲能量呈非线性关系,随激光能量增加而单调递增。随着激光发散角的减小,打孔的深度加深、孔径减小。

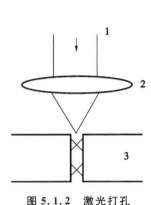

图 5.1.2　激光打孔

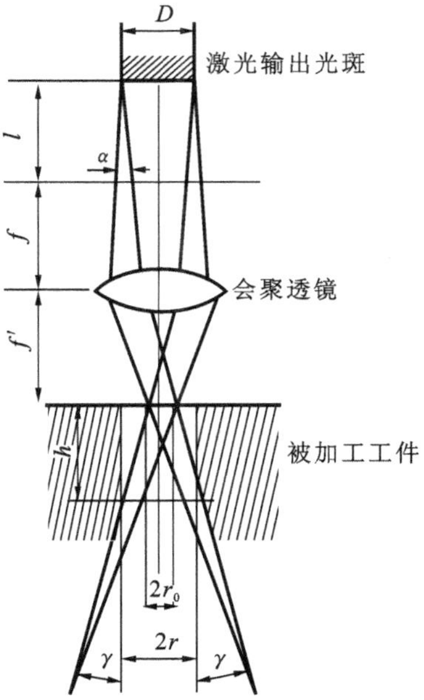

图 5.1.3　激光打孔加工简图

二、激光打孔方法分类

激光打孔分类方法很多,按激光打孔的原理、激光运转方式、打孔材料、激光波长、孔的类型可有不同分类。下面仅按激光打孔的原理介绍复制成形法和轮廓成形法。

1. 复制成形法

激光束以一定的形状及精度重复照射到被加工工件固定的一点上,在和辐射传播方向垂直的方向上,没有光束和工件的相对位移,所得孔的形状与激光束相似。通过调整参数或在光学系统中加入异型孔阑,使输出激光束以特定的形状和精度重复照射到工件固定的一点上,"复制"出与光束形状相同的孔,如图 5.1.4(a)所示。

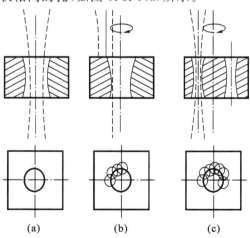

(a)　　　　　(b)　　　　　(c)

图 5.1.4　激光打孔复制成形法加工示意图

复制成形法包括单脉冲方法。目前一般采用多脉冲方法,其特点是可使工件上能量的横向扩散减至最小,并且有助于控制孔的大小和形状。

在简单的异型打孔方法中,用光学系统改变激光束,就可获得所需光束形状,再进行加工。具体方法为:在聚焦光束中或在透镜前方放置一个所需形状的孔阑,可以得到异型光束;也可以将异型孔阑放置在激光器谐振腔的内部,这种方法虽然可以提高效率,但设计、实施起来都比较复杂,应用较少。

在加工较大直径的孔时,可采用环形聚焦法进行加工,即用一个圆锥透镜,将激光器发出的光束聚焦成一个圆环,用单个脉冲和多个脉冲能量把聚焦光环中被激光照射的材料去除,中间未被激光照射的柱状材料自然脱落,在工件上形成一个孔,如图 5.1.5 所示。采用这种方法不必将孔内所有材料都熔蚀除掉,可以节省能量和工时,但要求激光束必须具有足够大的能量密度,否则无法将孔穿透。

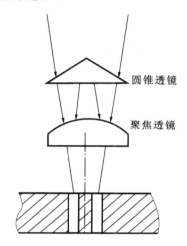

图 5.1.5 采用圆锥透镜形式的激光打孔

毫秒数量级的脉冲宽度可以使足够的热量沿着孔轴向扩散,而不只被材料表面吸收。激光束形状可用光学系统获得,如在聚焦光束中或在透镜前方放置一个所需形状的孔阑,即可以打出异型孔。

2. 轮廓成形法

轮廓成形法是采用逐点挖坑、分层去除的方式进行激光加工的。加工表面形状由激光束和被加工工件相对位移的轨迹逐层形成。用轮廓成形法加工时,激光器既可以在高脉冲重复频率状态下工作,也可以在连续状态下工作。用脉冲方式时,由于孔以一定的位移量连续彼此叠加,从而形成一个连续的轮廓。要注意的是,脉冲重复频率应与工件相对位移速度协调一致,即激光束照射在工件上的光斑所形成的凹坑必须连续地彼此叠加,从而形成一个完整的、连续的轮廓,如图 5.1.4(b)、(c)所示。采用轮廓成形法加工,可把孔扩大成具有任意形状的横截面。

利用轮廓成形法,可以对形状复杂的变截面孔加工,并可获得精度很高的孔形。激光打孔加工金刚石拉丝模就是典型的运用轮廓成形法加工复杂孔形的实例。金刚石拉丝模的孔形如图 5.1.6 所示。

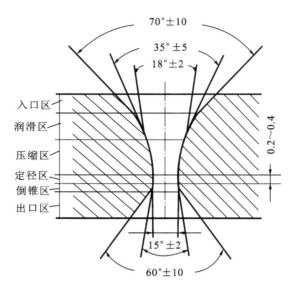

图 5.1.6 金刚石拉丝模的孔形

　　金刚石拉丝模的孔型由入口区、润滑区、压缩区(工作区)、定径区、倒锥区、出口区等组成,各区域间的连接要求圆滑过渡。对这种形状复杂的变截面孔进行激光打孔加工,需要采用轮廓成形法。在打孔过程中,可将拉丝模横截面分为若干层,每一层的加工都由数控系统按工件的孔形变化控制工作台的运动轨迹和旋转轴的转速,再配合激光脉冲重复频率来保证激光束照射在加工部位上的激光斑点随位移连续地彼此叠加,加工出的凹坑形成连续的孔形轮廓,由此逐层加工,最终完成完整、精确的孔形。

评价与收获

　　将本任务的评价与收获填入表 5.1.1 中。

表 5.1.1 任务的评价与收获

过 程 评 价				
评价内容	认知态度	多媒体使用情况	团队协作情况	参与程度	任务完成情况
评价等级					
收获与反思					

巩固与练习

　　1. 请简述激光打孔原理。

　　2. 激光打孔的方法有哪些?

知识链接

中国成功研制万瓦级激光拦截系统

2014 年 11 月,中国成功研发万瓦级激光拦截系统"低空卫士"。自该系统公开报道后,国内外给予了前所未有的关注。图 5.1.7 所示的为小型无人机被"低空卫士"击落。

图 5.1.7　小型无人机被"低空卫士"击落

1. 伤"机"于无形之中

"低空卫士"的出现标志着激光技术在我国安保领域的应用取得重大突破,也是我国在民用高科技安保领域的重要成果。近年来,小型航空器快速发展,不法分子利用其进行非法肇事的可能性变得越来越大,这成为重要区域或重大活动场所安保的现实威胁。而传统的应对方法主要依靠狙击手、速射炮进行拦截,或者靠直升机在空中捕获,但这些手段不仅成功率低,而且有可能对地面和人群造成附带伤害。

"低空卫士"激光拦截系统正是为克制"低慢小"这类航空器的非法入侵专门研制的。该系统 5 秒内就可击毁目标,而且不会有附带损伤。之后"低空卫士"还能快速转入对下一个目标的跟踪和打击。据称,它的拦截距离不小于 2 km,单套系统防卫面积达 12 km²。据介绍,"低空卫士"已成功完成多次试验和演示,先后击落固定翼、多旋翼、直升机等典型小型航空器 30 余架次,成功率达 100%。

由于"低空卫士"使用的激光属于非可见光波段,因此,实际操作时并不能看到激光射出,在旁观者眼中,只能看到无人机在飞行中突然起火坠毁,可谓伤"机"于无形之中。

2. "低空卫士"将更小、更自动化

低空安防是一个世界难题。打击低空或超低空入侵的小型集成化系统,至今在世界低空安防领域中仍是一片空白。2015 年,我国低空空域将逐步开放,而低空安全决定了低空空域管理改革的成效。激光技术的光速拦截、无声无息、保障简单的特点和近些年的快速发展,使激光系统成为打击"低慢小"目标、填补低空安保空白的首选。

3. 非致命性系统被广泛用于安保

除了研制出"低空卫士"激光拦截系统外,我国还运用高功率微波等技术,开发出了一系列国家安全和公共防卫的新产品。例如,毫米波主动拒止系统,通过向可疑人群定向发射一定的微波波束,能让 200 m 以内的人体产生难以忍受的痛楚并本能逃离,从而达到制止犯罪和驱散人群的目的。运用微波技术研制的车辆迫停系统更为神奇,该系统利用微波"紊乱"或"破坏"车辆的点火系统或发动机电控系统,使其突然失去动力,达到禁止其进入特定区域的目的。

任务2 激光打孔工艺

任务场景

激光打孔所涉及的材料很多,它不仅可以对硬度大、熔点高的金属材料进行打孔,还能对高级皮料等其他材料进行精加工。图 5.2.1 所示的为一个款式新颖、图案精致、材质考究的女士皮包,在应用了激光打孔加工后,附加值将显著提升。

任务要求

理解激光打孔工艺,知道激光打孔的应用。

任务准备

1. 网上检索相关图片和视频,下载并编辑。
2. 多媒体及课件。

图 5.2.1 激光打孔女士皮包

基本活动

一、激光打孔工艺概述

(一)激光打孔工艺步骤

激光打孔工艺包含以下步骤。

步骤一,详细了解打孔材料及打孔要求。

激光打孔机的性能决定了材料的打孔范围。限制打孔范围的主要原因是:激光功率调制情况及范围、脉冲重复频率、脉冲宽度、激光光束发散角、导光系统及聚焦条件等。判断孔的位置和尺寸(孔径和孔深)是否在选定的激光打孔机的打孔范围内。

充分了解一台激光打孔机的激光光学特性和打孔材料特性,判断激光打孔机能否在选定的打孔材料上实施打孔。例如,波长为 $1.06~\mu m$ 的 Nd:YAG 激光器和钕玻璃激光器就无法在普通玻璃和石英玻璃上打孔。普通玻璃和石英玻璃对 $1.06~\mu m$ 的光是透明的。铝、铜等材料对 $10.6~\mu m$ 波长的光反射率极高,$10.6~\mu m$ 的 CO_2 激光器不适合在这类材料上打孔,强烈嚯反射光会毁坏聚焦透镜。

步骤二,模拟试验与检测。

当激光打孔的工件是前工序加工好的成品或半成品时,应当避免一开始就在工件上打孔。选择与正式工件的材质、厚度等条件接近的试件,并在其上进行模拟试验,以便进行必要的激光打孔参数选择和外围条件设计。通过简单检测，选出最佳的工艺参数和条件，为正式加工做好准备。

步骤三，设计便利、快捷的工装夹具。

若需要打孔的正式工件不超过 10 件，则所用夹具可考虑通用的三爪钳或平口钳；当件数较多时，应制作专用夹具，以便与程序配套而提高打孔效率。夹具设计应结构简单、制作方便。例如，陶瓷片夹具的装夹快捷，定位准确。

步骤四，编制程序。

熟悉激光打孔机编程语言，编制激光打孔程序；在编制的程序中，实现打孔的要求；调试并修改程序。调试程序又可分粗调和细调，粗调主要解决程序的流程问题，细调则解决给定参数的打孔程序是否与实际要求吻合。

步骤五，实施有效的打孔加工及必要的检测。

在正式实施激光打孔过程中，要经常注意设备有无异常及外围条件有无变化，还应定时抽检激光打出孔的尺寸，及时排除打孔不稳定因素，以保证激光打孔质量。

（二）激光打孔工艺参数

激光打孔的过程是激光和物质相互作用的极其复杂的热物理过程。因此，影响激光打孔质量的因素很多。为了获得高质量的孔，应根据激光打孔的一般原理和特点，对影响打孔质量的参数进行分析和了解。这些参数包括：激光脉冲能量、脉冲宽度、离焦量、激光脉冲重复频率、被加工材料的性质等。

1. 激光脉冲能量

作用在材料上的激光束能量密度始终是激光打孔一个至关重要的参数，在加工过程中，焦平面上的激光聚焦光斑的大小由激光器和光学系统的参数决定。如在长焦距物镜前安装一个望远系统的光学系统，可以保证在相当长的工作距离内把光束聚焦成一个直径仅为数微米的光斑，光斑直径 d 为

$$d = \frac{\alpha f}{L} \tag{5-1}$$

式中：L 为望远系统的倍率；α 为激光光束发散角；f 为物镜焦距。

在光学系统确定的条件下，激光焦点处能量密度的变化取决于激光器输出功率的变化。加工孔的深度和直径主要是通过改变激光器输出功率来控制的。根据激光加工原理，被加工材料的去除是通过蒸发和熔化两种基本形式完成的，孔深的增加主要靠蒸发形式来实现，而孔径的增加则依靠孔壁上材料的熔化和利用剩余蒸发压力对熔融状物质的排除来完成。

激光脉冲能量 E 则直接影响材料上打孔的尺寸，孔的直径 d 和深度 h 约与激光脉冲能量 E 的 1/3 次幂成正比，即

$$h \propto E^{\frac{1}{3}}, \quad d \propto E^{\frac{1}{3}} \tag{5-2}$$

激光打孔时要改变激光束能量，可采用如下方法。

（1）改变激光器的泵浦能量，通过调节电源储能电容器的充电电压值来改变泵浦能量。

（2）改变激光束通过的光阑直径大小，光阑直径变化可改变能量，限制高阶横模参与打孔，有利于打孔圆度的改善。

（3）在光路中加衰减片，各阶横模的衰减效果相同，因此仅起到改变能量强弱的作用，对光斑轮廓无影响。

激光脉冲能量增加，其他激光参数固定不变时，例如输出脉冲波形的宽度不变，而脉冲前沿幅值增大，宽度不变就是激光束照射在被加工材料上的时间不变，功率密度增大，孔的直径 d 和深度 h 都随之增大。孔深 h 随脉冲能量增大而增加的原因：更高的功率密度能使打孔过程中产生更多的气相物质而产生更强烈的冲击波，致使高压蒸气带着熔融状物质从孔底部高速向外喷射。同样，激光脉冲能量增加，功率密度增大，被加工材料中产生的蒸气压力越大，高压蒸气带走的液相物质也越多，孔径 d 也随之增大。但孔径 d 随之增加的速度比孔深 h 随之增加的速度慢，且这种增加是有限度的。

2. 脉冲宽度

脉冲宽度所表现的是脉冲能量时间部分的特性。当脉冲能量一定时，脉冲宽度越窄，表示以时间为分母的时间能量密度越大；反之，则时间能量密度越小。因此，脉冲宽度的变化对孔深、孔径、孔形的影响较大。固定激光器输出功率不变而改变脉冲宽度，就相当于改变激光照射时间来调节激光焦点处的能量密度。激光束照射时间越短，作用在工件上的能量密度越大；反之，激光束照射时间越长，能量密度越小。故脉冲宽度变化对打孔的影响与上述增加激光束能量对孔深 h 和孔径 d 的影响一致。

从原理上讲，能量密度越大，激光打孔产生的气相物质比例越大，被加工材料蒸气压力越大。由于孔深的增加主要靠蒸发，而蒸气压力的增加可以携带出更多孔内液相的熔融物质，也使得孔径得以增大。因此，脉冲宽度越窄，孔的深度越深，且孔的直径越大。

3. 脉冲波形

在脉冲宽度选定之后，激光脉冲波形是影响打孔质量的重要因素。激光脉冲波形既影响孔的纵切面形状，也影响孔壁表面的质量。

4. 聚焦条件

激光辐射的聚焦条件对孔的形状和尺寸有很重要的影响。在激光打孔中，材料上表面与聚焦透镜焦点之间的距离称为离焦量。焦点在材料表面上形成的离焦量为正；焦点在材料表面下所形成的离焦量为负。离焦量为负时，激光光线以会聚方式进入材料；离焦量为正时，激光光线经聚焦后以散射方式进入材料；离焦量为零时，激光光线的焦点刚好在材料表面上，如图 5.2.2 所示。

离焦量 $\Delta f \leqslant 0$ 时，由于激光光线以会聚方式进入材料，孔深又是一定的，所以孔壁不能直接受光通量影响，而是靠热传导使其相变，因此液相多气相少，汽化时的气压就不太大，喷射力小，有较大可能使熔融物残留堆积而使孔壁畸形，严重时会完全堵住已打出的孔。采用负离焦量打孔，孔的轴剖面呈桶形或锥形。

离焦量 $\Delta f \geqslant 0$ 且在一定的数值范围内时，由于激光光线直接照射在孔壁上，使孔壁直接受光通量影响，有时会经反射方能射出孔外，因此材料的相变几乎是在激光光线直接照射下发生的，只要有足够的光照功率密

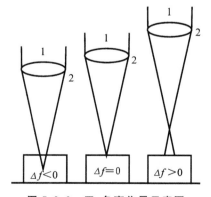

图 5.2.2　正、负离焦量示意图

度,材料的气相就多于液相。孔壁平直,熔融物不易残留堆积,孔形质量最好。

离焦量 $\Delta f \geqslant 0$ 且较大时,材料表面上偏离焦平面较大,材料表面上平均光照功率密度太小,只能有少量的材料汽化,或仅能使之液化,所以只能形成一个坑,不能打孔。

离焦量大小的选取与被加工零件的厚度、孔径的大小等因素有关。一般的选取规律是,相比打浅孔,打深孔选较小的离焦量;相比打浅孔,打小孔选较小的离焦量;只在少数情况下,才将工件表面置于焦平面上打孔,即离焦量 $\Delta f = 0$。

5. 模式和激光光束发散角

为了获得尽可能小的光斑,应尽量减小激光光束发散角 α。要改善激光光束发散角,就必须利用选模技术对激光谐振腔的振荡模式进行选择,滤去杂波形成基模(TEM$_{00}$)输出。选模的方法较多,其中小孔光阑法对要减小激光光束发散角是既简单又行之有效的方法。小孔光阑的半径 r_0 选取为放置小孔光阑处的激光束有效截面半径 $w(z)$,既可使基模光束顺利通过,又可抑制高阶横模光束。

经过选模后,虽然激光输出功率可能有所减弱,但由于激光发散度的改善,其亮度可提高几个数量级,而且聚焦后可以产生一个衍射极限的光斑,这对小孔的加工质量是非常有利的。

6. 光斑形状

激光器在单横模的条件下工作,输出的激光光斑为强度按高斯分布的圆,但种种原因,如激光物质的光学不均匀性,激光工作物质的污染和损坏,谐振腔污染或者光传输系统镜片的污染,或者聚焦镜片的污染等,会使光斑出现分布不均匀的现象,这时打出孔的圆度将大受影响。因此必须保证光学系统的质量。

另外,激光谐振腔的失调或者传输光路同轴性偏离会造成光斑形状的变化,因此应该在激光正常输出的情况下,精心微调激光谐振腔,使激光光斑最圆,并保证与传输光路的同轴性。

光斑上光强分布的均匀性和圆度可以通过简单直观的方法检测,把黑相纸垂直于激光束传输光轴放置,从在远场点打出的光斑花样可以很容易判断光强的分布。在调整光路时,要先从激光器开始调整,再调整传输光路,因为激光器调整后,光轴会有微位移,当要求精确定位时,需重新调整,使二者光轴重合。

7. 脉冲频率

实际激光打孔中常采用多个脉冲重复打一个孔的方法;当多个激光脉冲重复打一个孔时,脉冲激光束多次照射工件,脉冲次数增加,孔深可以明显加深,锥度也能减小,而孔径几乎不变。在激光器输出功率不变、脉冲宽度不变、只调节脉冲频率时,则可改变每个脉冲的峰值功率。随着脉冲重复频率的增加,孔的深度值越来越小。在 45 钢上进行打孔实验,结果如表 5.2.1 所示。

表 5.2.1　45 钢激光脉冲重复频率对打孔的影响

fp/Hz	E/W	h/mm	d/mm
1	4	1.7	0.23
10	18	4	0.3
20	30	3.3	0.32
30	30	2	0.33
40	30	2	0.36
50	40	1.5	0.4

8. 被加工材料对激光打孔的影响

被加工材料对激光打孔影响最大的一个参数是材料对激光波长的吸收率。吸收率的高低直接影响激光打孔的效率。如果被加工材料对某激光器光束波长的吸收率高，那么利用这种激光器进行打孔的效率就高。如果吸收率低，那么激光器光束照射在被加工材料上的能量大部分被反射或透过被加工材料散失，而没有对材料的加工产生作用，打孔的效率就低。同时，被加工材料的吸收率本身也受到温度变化和表面涂层等条件的影响。

不同性质的材料对不同波长的激光束的吸收率和反射率不同，要根据被加工材料的热物理性质来选择相应的激光器。例如，对宝石轴承的激光打孔可选用波长为 $0.6943~\mu m$ 的红宝石激光器、波长为 $1.06~\mu m$ 的 Nd:YAG 激光器和波长为 $10.6~\mu m$ 的 CO_2 激光器；对玻璃、石英、陶瓷等材料的激光打孔，则选用波长为 $10.6~\mu m$ 的 CO_2 激光器对加工更有利。

（三）辅助工艺

为了提高激光打孔的精度，有时需要采用一些辅助的工艺工序和工艺措施，主要包括以下几方面。

（1）在工件的表面施加一个正向压力，或者在工件的反面安装一个低压仓，可有助于打孔过程中清除汽化材料并促进液相的排出。

（2）在工件下面的安全位置装一个光电探测器，可以及时探测到工件穿透与否。

（3）利用液体薄膜或金属铂覆盖工件，能够使孔的锥度减小，并防止液相飞溅。

（4）为了及时防止熔化物积聚在孔里，可以把汽化温度低于被加工工件熔化温度的物质放在其下面。

（5）将激光作为加工工具在工件上打毛孔，再用其他方法达到所需要的精度。目前一般采用的有金刚砂的机械加工，用冲头、金属丝进行孔径精加工，化学腐蚀方法等。

（四）激光打孔的质量检验

1. 孔径 d 的测量

孔径是激光打孔质量检验中的主要检测指标，测量孔径比较常用的方法有以下几种。

（1）针式光面塞规。针式光面塞规是指直径为 $0.1\sim1~mm$ 的针式双头光面塞规。当被测小孔的精度要求不高时，可以用针式光面塞规进行测量。用针式光面塞规测量孔径的优点：测量方便、直观。其缺点：当孔口有毛刺或孔内粗糙不平时，所测量的直径值不够精确。

（2）用工具显微镜测量孔径。方法为用显微镜分划板上的十字叉丝刻线先后与孔像左右两边的轮廓线相切，两次相切的读数之差即为孔径值。

2. 孔深 h 的测量

在通孔的情况下，孔的深度即为板的厚度，一般用卡尺测量。在盲孔的情况下，可以用直径小于孔径的探针进行测量。测量探针进入部分的长度即可确定孔深。由于激光加工盲孔底不够平滑，所以会给孔深的测量带来误差。

3. 孔的深径比 h/d

孔的深径比即孔的深度值与孔的直径值之比。由于激光加工出的深孔呈锥形或腰鼓形，所以一般选取最小孔径作为孔的深径比的孔径值。孔深小于 $10~mm$ 的孔，孔形呈上大下小的锥形，最小孔径在光的出口处；当孔深大于 $10~mm$ 时，孔形呈腰鼓形，一般最小孔径为从距入光口算起的 2/5 孔深处。

4. 孔锥度的测量

孔锥度的测量可以通过测量孔的上、下口直径来获得直径差值 Δd，再用孔的深度 h 计算得到孔的锥度 α 值，如图 5.2.3 所示。

$$\text{tag}\ \frac{\alpha}{2} = \frac{\Delta d/2}{h} = \frac{\Delta d}{2h} \tag{5-3}$$

5. 孔的不圆度

孔的不圆度表示孔的横剖面内的形状误差，它是包容同一横剖面内的实际轮廓，而且半径差为最大和最小的两个同心圆的半径差，即 $\Delta R = R_{\max} - R_{\min}$。因此，孔的不圆度的测量可通过前面提到的孔直径来计算（用式(5-3)计算求出），其中最大、最小半径如图 5.2.4 所示。

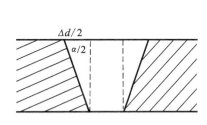

图 5.2.3　孔锥度的测量

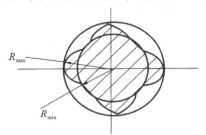

图 5.2.4　最大、最小半径

6. 孔的表面粗糙度

由于激光打孔的孔径都比较小，孔壁表面粗糙度的测量很难使用常规的表面粗糙度测量仪，所以一般采用与表面粗糙度标准样板比较的方法来确定表面粗糙度。该方法比较简单，但评定的准确性很大程度上取决于检验人员的经验。

二、激光打孔的应用

(一) 金属材料打孔

激光加工金属材料的难易程度并不取决于材料的硬度，而是取决于金属材料对激光的吸收及热量传递等因素。

1. 硬质合金的激光打孔

用脉冲能量为 30 J 的 ND：YAG 激光器在厚度分别为 6 mm 和 10 mm 的硬质合金工件上加工中心孔和通孔，孔径分别为 0.3 mm、0.6 mm 和 1.0 mm。由于中心孔的孔形比较复杂，所以需分两步进行加工，先加工锥形导入孔部分，然后加工直孔部分。

加工参数为：脉冲能量为 20～25 J，聚焦透镜焦距为 70～80 mm，脉冲跟踪频率为 0.5～1 Hz，加工中心孔导入加工区的脉冲次数为 (8～13) 次/s，加工直孔的脉冲次数为 (16～20) 次/s，加工中心孔时间为 5～20 s，加工通孔时间为 5～20 s。

2. 不锈钢材料的燃油喷嘴小孔的激光加工

不锈钢燃油喷嘴主要用于燃气轮机、火箭发动机、内燃机等。喷嘴可以限定燃料的注入量，使燃料以一定角度注入燃烧室，形成涡流，以达到燃料与空气或氧化剂更好混合并充分燃烧的目的。这就要求喷嘴小孔既有较高的尺度精度，又要求小孔与工件有准确的空间位置精度，图 5.2.5 所示的为两种喷嘴的结构示意图。

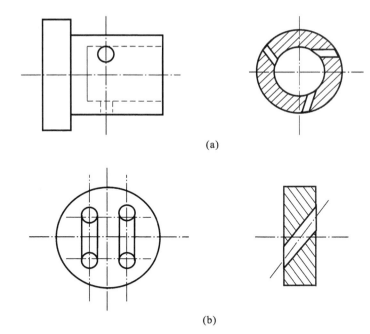

(a)

(b)

图 5.2.5　喷嘴示意图

图 5.2.5(a)所示的喷嘴采用激光打孔,使用的工艺条件如下。

(1) 激光器。钕玻璃棒为 $\phi10$ mm×300 mm;氙灯为 $\phi16$ mm×300 mm;聚光器为双灯双椭圆;冷却玻璃管为磨毛。

(2) 工艺参数。工作电压为 3000 V;储能电容为 900 μF;脉冲能量为 40 J;透镜焦距为 75 mm;偏焦量:第一脉冲为 +4 mm,第二脉冲为 +7 m;打孔脉冲次数为 4 次/s。

(3) 喷嘴小孔加工结果,孔径为 $\phi0.64$ +0.03mm;不圆度为 <0.02 mm;表面粗糙度为 $Ra \leqslant 3.2$ μm。

由于孔的入口呈锥形,深度一般不超过 0.10~0.20 mm,因此在激光打孔时应留出相应的加工余量,以便在打完孔后将其去除,此时小孔的出入口直径差(即锥度)一般不超过 0.03 mm。为保证工件上三个喷油小孔的轴线所构成的相切圆直径在规定公差范围内,只需将工件打孔位置偏离工件轴线一定距离,将其固定即可。采用简单的分度块可确保三孔沿圆周均匀分布的位置精度。对图 5.2.5(b)所示的喷嘴进行激光打孔时,采用在零件背面衬垫真空橡皮的方法,可以打出直径为 $\phi0.55 \pm 0.015$ mm 的小孔;其轴线与表面法向成 55°角。

3. 采用辅助工艺提高加工质量的一些激光打孔

采用辅助工艺提高加工质量的激光打孔方法还包含以下几方面。

(1) 用 Nd:YAG 激光器在钕铁硼材料的工件上打一个孔径为 0.8 mm 的孔。采用旋切打孔加辅助吹氧保护的方法,用 40 W 的平均功率进行激光打孔,收到了非常好的加工效果。

(2) 在厚度为 0.4 mm 的金属铝板上用波长为 0.05 mm 的激光打孔时,孔的圆度为 ±0.003 mm,锥度为 ±0.012 mm,加工时间为 5 s。激光加工金属铝,在孔的入口处容易产生粘渣。铝材上的粘渣很难去掉,从而影响加工质量。因此用激光对金属铝打孔时,应当控制 Q 开关的频率,且必须使用高峰值功率进行激光加工,以减少或避免粘渣的产生。

（3）由于铜具有很好的导热性和反光性,所以对于金属铜的激光打孔,必须有足够高的激光脉冲能量,才能对其进行有效的激光打孔加工。为了提高激光能量密度,且加工时为了不让金属粉尘飞溅到透镜上造成破坏,可采用缩小激光发散角和拉长焦距的方法。具体加工条件如下。

①激光器。钕玻璃棒为 $\phi 10$ mm×250 mm;泵浦灯为双氙灯。

②工艺参数。工作电压为 2300 V;储能电容为 400 μF;脉冲能量为 20 J;透镜焦距为 120 mm;激光发散角为静态 $\theta \leq 1$ mrad,动态 $\theta \leq 2$ mrad。

使用上述参数,一次脉冲就可以在直径为 1.6 mm 的圆柱面上打出入口为 $\phi 0.50$ mm、出口为 $\phi 0.42$ mm 的圆整光滑的小孔,误差仅为 ±0.02 mm。

(二)非金属材料打孔

大部分非金属材料(有机玻璃、塑料、木材、橡胶、石英玻璃)对波长为 10.6 μm 的激光有较好的吸收效果。CO_2 激光器输出的激光波长为 10.6 μm,因此广泛应用于非金属材料的激光打孔。

1. 玻璃打孔

用 500 W 的 CO_2 激光器,配装回转透镜装置,在厚度为 2.54 mm 的玻璃板上加工孔径为 12.7 mm 的孔,加工时间为 6 s。

对热冲击敏感的钠玻璃进行激光加工,需先将其预热到 400℃,以避免温度突变造成对材料的破坏。

使用 1000 W 的 CO_2 激光器,并配合采用压缩空气吹加工区的辅助工艺,可以在 1～2 mm 厚的玻璃纤维加环氧树脂(玻璃钢)为材料的印制电路板上进行激光高速打孔。

2. 塑料打孔

用输出功率为 250 W、脉冲宽度为 5～15 ms 的 CO_2 激光器,配装一套特殊的光学系统,在聚氯乙烯塑料制成的灌溉用管上打孔,孔径为 0.5 mm,加工质量优于传统的机械加工方法。

用输出功率为 50 W 的 CO_2 激光器,采用数控装置在异丁烯制作的接触透镜上打孔,1.5 s 能加工 5～15 个 0.1 mm 的小孔,打出的孔不产生毛刺。

用输出功率为 6 W 的 CO_2 激光器,对亲水性的苯系高分子聚合物制成的接触透镜和用聚酚酯制造的烟雾阀进行打孔。孔径为 0.1～0.2 mm、精度为 ±0.038 mm,5～80 ms 可打一个孔。

3. 橡胶打孔

CO_2 激光器适用于橡胶打孔。用峰值功率 1 kW、脉冲宽度为 60 μs、脉冲重复频率为 25 Hz 的 CO_2 激光器,在厚度为 0.15 mm、直径为 100 mm 的橡胶上打 4000 个孔径为 0.09 mm 的小孔,全部用时仅为 8 min。

用 100 W 的 CO_2 激光器,在壁厚为 0.5～1.25 mm 的汽车流量控制阀的橡胶隔膜上打 25 个直径为 0.64 mm 的同心孔,加工时间为 8 s,而且不产生毛刺。

(三)陶瓷材料打孔

陶瓷材料是激光加工容易的材料。陶瓷材料打孔具有加工能力强、质量好、效率高的特点。氧化铝、碳化硅、氧化锆和氮化硅等各类陶瓷材料都可以用激光进行打孔,并可获得较大的深径比(最高可达 25:1)。而用机械方法在陶瓷材料上打孔,只能得到 2:1～4:1 的深径比。用于陶瓷打孔的激光打孔机主要有红宝石、钕玻璃、Nd:YAG 和 CO_2 激光打孔机;针对不同性质的陶瓷材料,选择相应的激光器及参数可以有效防止微小裂纹及其他缺陷的产生。

(1)氧化铝对 Nd:YAG 激光器的吸收率较低,但其热性能好,属于高脆陶瓷材料。当激光能量过大时,氧化铝工件会因热变形而产生裂纹,因此用脉冲宽度窄的 Q 开关脉冲激光打孔较好。

(2)氮化硅激光打孔时,在加工表面容易出现裂纹。为防止裂纹的产生,应使用低的 Q 开关频率进行激光加工。

(3)在太阳能电池的硅片上打孔时,硅片厚度为 0.3 mm,加工孔径为 $\phi0.2$ mm。必须以窄脉冲宽度、低能量进行激光加工,才可避免产生裂纹。

对陶瓷等脆性材料进行激光加工时,加大单次激光的输出能量,则可能会因热变形造成陶瓷材料的被加工表面出现裂纹。因此,应减小单次激光照射的能量,而采用多次重复打孔的方法,以避免产生裂纹。

使用输出功率为 250 W 的连续波 CO_2 激光器打孔,以 36 mm/s 的进给速度,平均每秒可打 2 个孔,在 100 m^2 的陶瓷上打 980 个孔用时仅为 8 min。

使用红宝石激光器、脉冲宽度为 0.3～0.7 ms、在 0.69 mm 厚的高温烧结陶瓷电路板上可打出直径为 0.25 mm 的孔,其孔径与孔间隔的误差不超过 ±0.025 mm。

在厚度为 0.35 mm 的氧化铝、氧化铍微波集成的陶瓷基片上,用 Nd:YAG 激光器加工孔径为 0.3～0.7 mm 的精密小孔,可以做到打孔精度高、一致性好、速度快、无加工缺陷。

在汽车制冷器陶瓷集成片上,用 Nd:YAG 激光器加工孔径为 4.8 mm 的孔,由于孔径较大,采用机床相对激光头作圆运动的方法。为避免出现椭圆,让激光的起点和终点都落在圆的中心。选择加工半径时,应考虑激光切缝宽度,以保证孔径的尺寸精度。

使用 Nd:YAG 激光在绝热发动机的陶瓷缸盖上加工出直径为 0.3 ±0.02 mm 的孔,其工艺参数的电压为 1560 V、电感为 2.4 mH、焦距为 50.5 mm,脉冲次数为 3 次/s。

对于厚度为 0.6 mm 的氧化铝,用 Nd:YAG 激光器加工直径为 0.15 mm 的小孔,加工精度为 0.025 mm,加工时间为 1 min/孔。

在 1 mm 厚的氮化硅板上打 $\phi0.2$ mm 的小孔时,间距精度可控制到 0.01 mm,在 0.05 mm 厚的陶瓷薄膜上可加工出 $\phi0.2$ mm 的孔;在 10 mm 厚的氮化硅板上打 $\phi0.4$ mm 的群孔,速度可达 1 min/孔。

(四)金刚石激光打孔

生产细金属丝的拉丝模具,很容易磨损。金刚石作为最硬的材料,常用来制作拉丝模具。金刚石打孔在激光打孔中起重要作用,如图 5.2.6 所示。金刚石的孔形剖面是连续光滑的多段变锥度孔。可先用激光在金刚石坯料上加工出预孔,再用机械的方法研磨抛光,以达到亚微米数量级精度和镜面光洁程度。

目前常用声光调 Q 的 Nd:YAG 激光器加工金刚石拉丝模。这类激光器可输出脉宽为

200 ns 的脉冲序列,脉冲序列的重复频率为 5～50 kHz,可调,脉冲能量在 30～80 mJ 之间,脉冲峰值功率约为 400 kW,平均功率在十几瓦到几十瓦之间,可以单模或多模输出。采用声光调 Q 的 Nd:YAG 激光器进行金刚石拉丝模打孔,可用一种称为"半径扫描、逐层剥离"的方法,如图 5.2.7 所示。激光束先聚焦在工件表面,工件以转速 n 绕主轴 Z 旋转,令激光聚焦点径向由中心向外扫描(离心扫描),其合成轨迹是一条向外的阿基米德螺线;然后令焦点下降一个层深 ΔZ,令半径由 R 回缩一个 $\Delta R = \Delta Z \tan\beta$,再向心扫描剥离下一层,到 Z 轴走完工件厚度 H 为止。

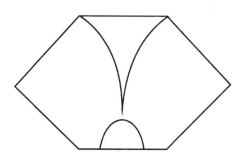

图 5.2.6　金刚石拉丝模孔形

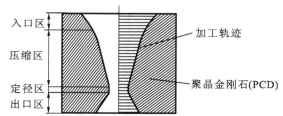

图 5.2.7　"半径扫描、逐层剥离"示意图

1. 聚晶金刚石拉丝模的激光打孔实例

聚晶金刚石(PCD)一般用于制作孔径 $\phi >$ 0.08 mm 以上的模具(激光加工预孔直径为 0.03 mm)。关于 PCD 拉丝模的打孔,采用分层去除的方法,将复杂的拉丝模孔形正面分成四个区,每个区水平分成若干层,如图 5.2.8 所示,每一层的去除工作都要完成以下几点。

(1) C 轴带动工作台承载被加工模具,按计算机给定的转速数值进行旋转,与激光头的垂直线做相对运动,激光束位于焦点处的光斑在工件上扫描出圆形轮廓轨迹。工件的旋转速度与激光光斑直径、激光脉冲重复频率及去除层面最大外圆轮廓半径有关,即

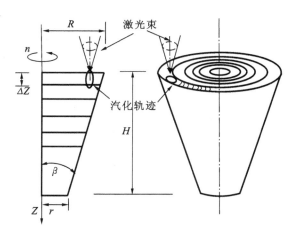

图 5.2.8　激光分层加工拉丝模示意图

$$V = \frac{f_p d'}{R} \tag{5-4}$$

式中:V 为工件旋转速度;d' 为激光光斑直径;f_p 为激光脉冲重复频率;R 为激光去除层面最大外圆轮廓半径。

(2) 工作台沿 X 轴由工件的旋转中心到每一层面的最大轮廓半径做直线往复运动。激光束扫描轨迹为一圈接一圈首尾相连,以 X 轴运动速度为速率逐渐变大(或变小)的圆环充斥整个层面,完成去除每一层面外圆轮廓内的材料。X 轴运动速度为

$$V_{\mathrm{X}} = \frac{V_{\mathrm{d}}{}'}{k} \tag{5-5}$$

式中:V_{X} 为 X 轴直线运动速度;$V_{\mathrm{d}}{}'$ 为光斑直径速度;k 为与材料有关的系数,聚晶金刚石 (PCD)取 $k=1.2$。

(3) Z 轴带动激光光头由数控系统精密控制,垂直加工做直线进给运动,进给当量的数值就是去除层的厚度。进给当量与激光蚀除能力有关,一般取 0.001~0.005 mm为宜。

2. 影响拉丝模激光打孔质量的参数

(1) Q 开关脉冲重复频率对加工质量的影响。

Q 开关脉冲重复频率对激光加工 PCD 的影响极大。加工不同孔径的模具需要选用不同数值的 Q 开关脉冲重复频率,代入数据,可得出正确的脉冲重复频率数值为

$$f = \frac{K_1 \pi \cdot D}{K_2} \tag{5-6}$$

式中:f 为 Q 开关脉冲重复频率;K_1 为与激光器相关的系数($K_1=50$);D 为金刚石拉丝模的定径尺寸;K_2 为与材料相关的系数($K_2=0.02$)。

聚晶金刚石拉丝模的激光打孔尺寸与 Q 开关脉冲重复频率的对应值如表 5.2.2 所示。

表 5.2.2 模具孔径与加工

孔径 D/mm	频率 f/Hz
0.01	78.5(80)
0.02	157.0
0.03	235.5
0.04	314.0
0.05	392.5
0.10	785.0
0.20	1570.0
0.30	2355.0
0.50	3925.0
0.60	5000.0

加工中,固定激光输出能量并保持其他参数不变,只改变激光脉冲重复频率 f 的数值,用同一加工程序分别加工三块型号相同的聚晶金刚石坯料,得到三组激光打孔的聚晶金刚石加工表面形貌照片,如图 5.2.9 所示。工件材料为聚晶金刚石;激光电源输入电流为 25.9 A;模具定径尺寸 $D=0.402$ mm。

当频率低时,由于激光峰值功率较大,加工粗糙,激光斑点彼此叠加的纹路不太明显,腐蚀凹坑较大(见图 5.2.9(a))。随着 Q 开关脉冲重复频率 f 值的提高,加工纹路逐渐清晰变密,表面粗糙度有所下降,如图 5.2.9(b)所示。当脉冲重复频率加大到最佳预定值时,加工表面纹路细密,表面粗糙度得到明显改善,可得到孔形精确的拉丝模,如图 5.2.9(c)所示。

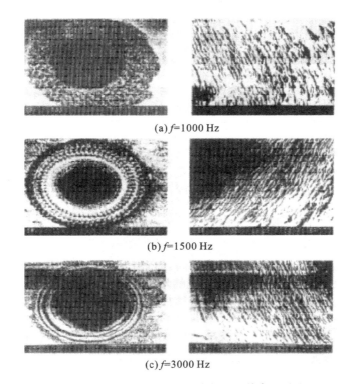

(a) f=1000 Hz

(b) f=1500 Hz

(c) f=3000 Hz

图 5.2.9　不同脉冲重复频率加工工件表面形貌

（2）激光能量与激光工作头（Z 轴）进给当量（步长 Δ）对激光打孔的影响。

激光能量的大小直接影响激光打孔的精度和表面质量。在实际加工中，固定脉冲重复频率 f 的数值只改变激光电源输入电流（改变激光输出能量）。不同激光能量加工工件表面形貌如图 5.2.10 所示。工件材料为 PCD；脉冲重复频率 f 为 2500 Hz；模具定径尺寸 D=0.402 mm。

当激光能量较小时，PCD 加工表面的炭化层较薄，并有断续的腐蚀痕迹，如图 5.2.10(a) 所示。随着激光能量的增加，蚀除速度加快，加工表面腐蚀凹坑成连续状，如图 5.2.10(b) 所示。激光能量继续增加超过某一数值时，被加工的 PCD 表面质量粗糙，炭化层增厚，如图 5.2.10(c) 所示，甚至使 PCD 模具孔形产生较大的畸变。

选择激光加工能量的准则：应使激光的能量最佳值与实际工件的去除量相符合。能量过小或过大都不能得到 PCD 拉丝模精确的孔形和较好的表面加工质量。

在控制激光能量的同时，正确选择激光工作头（Z 轴）进给当量（步长 Δ）也是至关重要的。Δ 选择过大会导致焦点低于焦平面，不能进行有效的去除加工，因而不能达到预定的加工尺寸的效果。同时，在被加工工件的上部还会出现深度螺旋线痕迹。Δ 选择过小就会造成激光重复加工，出现超出预定加工尺寸的现象。

PCD 拉丝模的加工分正面加工和反面加工两步。先从入口方向（正面）开始对拉丝模进行分区、逐层加工，然后将模具翻过来进行出口、倒锥加工（反面），加工方式与正面加工相同。参数如下。

　　工件坯料型号及外形尺寸：D6，ϕ3.1 mm×1 mm

　　激光器：Nd：YAG

　　电源输入功率：6 kW

　　工作电压：188～228 V

　　激光输出功率：TEM_{00}＝16 W

　　脉冲重复频率可调范围：0.1～5 kHz

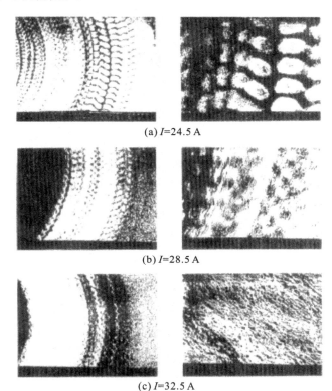

(a) I=24.5 A

(b) I=28.5 A

(c) I=32.5 A

图 5.2.10　不同激光能量加工工件表面形貌

评价与收获

将本任务的评价与收获填入表 5.2.3 中。

表 5.2.3　任务的评价与收获

过　程　评　价					
评价内容	认知态度	多媒体使用情况	团队协作情况	参与程度	任务完成情况
评价等级					
收获与反思					

巩固与练习

1. 简述激光打孔工艺步骤。

2. 激光打孔工艺参数有哪些？

3. 简述激光打孔的质量检验。

4. 简述采用辅助工艺提高加工质量的一些激光打孔。

5. 举例说明如何对非金属材料进行打孔。

6. 判断"负离焦量越大，工件表面的光斑面积越小"是否正确。

7. 判断"随着打孔激光脉冲能量的增加，孔深与孔径增加"是否正确。

8. 聚焦透镜焦距减小，光斑直径如何改变？

9. 光阑放置与激光束不能精确同轴，结果会对激光束和孔形产生什么影响？

项目6

【项目描述】

随着科学技术的发展，激光加工也进入了崭新阶段。除了常见的激光打标、激光焊接、激光切割等工艺外，还有激光淬火、激光合金化、激光熔覆、激光快速成型、激光清洗与毛化等技术，本项目则学习与研究以上5个任务。

【学习目标】

了解激光淬火、激光合金化、激光熔覆、激光快速成型、激光清洗与毛化技术，知道这些技术的应用领域。

【能力目标】

培养学生阅读、思考、分析和解决问题的能力。

其他激光加工技术

任务 1　激光淬火

任务场景

某模具内齿原材料为 3Cr2Mo(属于磨具钢，Cr(-铬)，Mo(-钼))，原始状态的硬度为 30 HRC，经表面激光淬火后，可达到 50～53 HRC(其中 HRC 指的是硬度)。可见，激光淬火后的模具硬度显著提高，其耐磨性、抗疲劳、耐腐蚀、抗氧化等性能明显改善，模具的使用寿命得到延长，如图 6.1.1 所示。

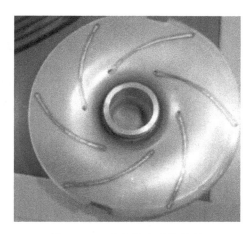

图 6.1.1　激光淬火后的模具

任务要求

知道激光淬火概念，了解激光淬火原理、特点及工艺；了解激光淬火技术的重要工业应用。

任务准备

1. 网上检索相关图片和视频，下载并编辑。
2. 多媒体及课件。

基本活动

一、基本知识

1. 激光淬火技术原理

激光淬火技术是激光表面改性技术的一种。改性是材料表面局部快速处理工艺的一种新技术，包括激光淬火、激光表面熔凝、激光表面熔覆、激光冲击强化、激光表面毛化等。激光与材料表面的相互作用使材料表层发生所希望的物理、化学、力学等性能的变化，以改变材料表面结构，获得工业上的许多良好性能。激光改性主要用于强化零件的表面。表面改性后的工件变形小，表面改性适于作为精加工的后续工序。由于激光束移动方便，易于控制，可以对形状复杂的零件，甚至管状零件的内壁进行处理，因此，激光改性应用十分广泛。

激光淬火技术，又称激光相变硬化，主要用来处理铁基材料，其基本机理是利用聚焦后的高能激光束($10^3 \sim 10^4$ W/cm^2)照射钢铁材料工件表面，工件表层材料吸收激光辐射能并转化为热能，使其温度迅速升高到相变点以上。在激光移开后，仍处于低温的内层材料的快速导热作用，使表层快速冷却到马氏体相变点以下，获得淬硬层。激光淬火不需要淬火介质，只要把激光束引导到被加工表面，对其进行扫描就可以实现淬火。因此，激光淬火设备更像机床。图 6.1.2 所示的为一台柔性激光加工系统示意图,它通过五维运动的工作头把激光照射到被加工的表面,在计算机控制下直接扫描被加工表面,完成激光淬火。

激光淬火过程中,极大的过热度和过冷度使得淬硬层的晶粒极细、位错密度极高且在表层形成压应力,进而大大提高了工件的耐磨性、抗疲劳、耐腐蚀、抗氧化等性能,延长了工件的使用寿命。

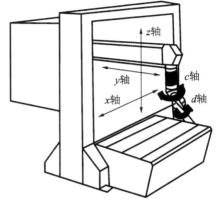

激光淬火原理与感应加热淬火、火焰加热淬火技术类似,只是其所使用的能量的密度更高,加热速度更快,工件变形小,加热层深度和加热轨迹易于控制,易于实现自动化,因此在很多工业领域正逐步取代感应加热淬火和化学热处理等传统工艺。激光淬火可以使工件表层 0.1~1.0 mm 范围内的组织结构和性能发生明显变化。图 6.1.3 所示的为 45 钢表面激光淬火区横截面金相组织图。图中的白亮色月牙形区域为激光淬硬区,白亮区周围的灰黑色区域为过渡区,过渡区之外为基材。图 6.1.4 所示的是该淬火区显微硬度沿深度方向的分布曲线。可见,淬火后硬度大幅度提高,且硬度最高值位于近表面。

图 6.1.2　柔性激光加工系统示意图

2. 激光淬火的特点

激光淬火技术与其他热处理技术,如高频淬火、渗碳、渗氮等传统工艺相比,具有以下特点。

(1) 无需使用外加材料,就可以显著改变被处理材料表面的组织结构,大大改善工件的性能。激光淬火过程中的急热急冷过程使得淬火后马氏体晶粒极细、位错密度相对于常规淬火的更高,进而大大提高了材料性能。

(2) 处理层和基体结合强度高。激光表面处理的改性层和基体材料之间是致密的冶金结合,而且处理层表面也是致密的冶金组织,具有较高的硬度和耐磨性。

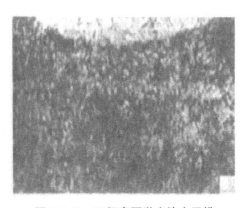

图 6.1.3　45 钢表面激光淬火区横
截面金相组织图

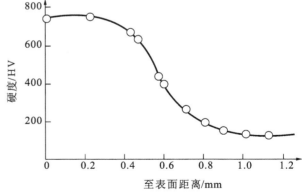

图 6.1.4　45 钢表面激光淬火区显微
硬度与淬硬层深度的关系

(3) 被处理工件变形极小,适合于高精度零件处理,可作为材料和零件的最后处理工序。这是由于激光功率密度高,与零件上某点的作用时间很短(0.01~1 s),故零件的热变形区和整体变化都很小。

（4）加工柔性好，适用面广。激光光斑面积较小，不可能同时对大面积表面进行加工，但是可以利用灵活的导光系统随意将激光导向处理部分，从而可方便地处理深孔、内孔、盲孔和凹槽等局部区域。改性层厚度与激光淬火中的工艺参数息息相关，因此可根据需要调整硬化层深浅，一般可达 0.1～1 mm。

（5）工艺简单优越。激光表面处理均在大气环境中进行，免除了镀膜工艺中漫长的抽真空时间，没有明显的机械作用力和工具损耗，噪声小、污染小、无公害、劳动条件好。激光器配以微机控制系统，很容易实现自动化生产，易于批量生产。效率很高，经济效益显著。

3．激光淬火的研究现状

激光淬火技术现已成功地应用到冶金行业、机械行业、石油化工行业中易损件的表面强化，特别是在提高轧辊、导轨、齿轮、剪刀等易损件的使用寿命方面，效果显著，取得了很大的经济效益与社会效益。近年来，在模具、齿轮等零部件表面强化方面也获得了广泛的应用。激光淬火技术可对各种导轨、大型齿轮、轴承、汽缸内壁、模具、减振器、摩擦轮、轧辊、滚轮零件进行表面强化，适用材料为中、高碳钢，铸铁。激光淬火的应用实例：激光淬火强化的铸铁发动机汽缸，其硬度由 230HB 提高到 680HB，使用寿命提高了 2～3 倍。

在国外，1965 年 Kokope 发现了 45 钢激光打孔后获得了极高硬度的马氏体；1971 年美国通用汽车公司首次成功进行了激光热处理实验，到 1974 年该公司已将激光相变硬化工艺用于实际生产。

激光技术在我国虽然起步较晚，但发展态势迅猛，国内目前将激光淬火技术应用于汽车加工等的单位也不少。其中影响较大的单位有：① 西安内燃机配件厂在"七五"、"八五"期间与华中理工大学合作建成 6 条缸套热处理生产线，采用轨迹为螺旋线，耐磨性比各种合金铸铁缸套及中频淬火缸套提高 42％，与之相配的活塞环耐磨性提高 30％以上；目前该厂已经拥有 12 条年生产能力可达 60 万支活塞环的激光热处理生产线。② 北京内燃机集团与大恒公司等单位合作建成年处理约数万台发动机缸体的 CO_2 激光热处理生产线，提高了生产效率。③ 大连机车车辆厂于 1995 年 10 月建成我国第一条 C 型缸套激光处理生产线，该厂还拥有用于机车曲轴、缸套、立簧片的激光热处理生产线。④ 长春一汽集团建立了自己的热处理生产线，对 CA141 汽车发动机汽缸体进行处理，取消了缸套，大修里程提高到 20×105 km。⑤ 青岛中发激光技术有限公司采用激光网格工艺加工发动机缸体、曲轴等零件表面，寿命提高了 3～5 倍。实际上，国内目前应用激光热处理生产线提高本企业产品性能的单位远不止上述几家，全国各地几乎都建有不同规模的激光加工中心，为各行业机器零件进行激光热处理。

在激光淬火技术的研究方面，国内外的学者最初集中于探讨激光淬火处理铁基材料改变和改善材料性能的机理，他们对激光淬火处理低碳钢、中碳钢、高碳钢、合金钢、铸铁等都做了大量的研究，目前对铁基材料的激光相变硬化机理已基本弄清楚，其原理如下。

激光相变硬化过程中，急热急冷的过程使所形成的马氏体细化，位错密度高，处理后的材料硬度、耐磨性、抗疲劳等机械性能有了很大提高。

近两年随着激光淬火技术实际应用的日趋广泛，从面向生产实践的角度，研究人员又做了大量探索工艺参数的实验和理论研究工作。一方面，通过实验探求生产条件下工艺参数的选取,并得到相当多能够指导生产实践的有价值的工艺参数。另一方面,通过建立符合要求的温度场,对其进行数值求解甚至动态仿真,利用温度场的数值计算结果估算硬化层深度,或者反推算激光淬火的工艺参数,其结果也可以指导生产实践。后一种方法只要通过少量验证实验证明数值计算结果在激光相变硬化过程中的适用性,大量的工艺参数筛选工作由计算机来进行,大大节省了人力、物力和时间,因此近两年伴随着计算机技术的高速发展,激光淬火过程的数值计算和动态仿真成为国内外的一个热点。

随着激光淬火技术的不断推广应用,工业化生产对设备的可靠性和稳定性的要求越来越高。鉴于研究人员开展的对激光器光腔结构、光学元件及冷却技术、表面吸收涂层种类与喷涂技术、复杂零件淬火加工用数控机床的研究,以及为了满足大规模的工业化生产,对激光设备的各个零部件标准化、模块化设计等的研究,也在不断地促进激光淬火设备的发展。

二、激光淬火工艺

1. 工件的预处理

激光淬火主要用于处理铁基材料的工件或试样,前文中叙述过金属表面对激光,尤其是长波长激光的吸收率很低,所以在利用激光对金属材料进行热处理时,需要采取一定的措施提高工件表面对光能的吸收率,这就是预处理过程。通常采用的方法是磷化处理、覆盖涂层处理、布儒斯特吸收和应用辅助激光照射等方法,前两者的应用较为广泛。

1) 磷化

磷化是一种通过化学或电化学反应在工件表面形成磷酸盐化学转化膜的过程,所形成的磷酸盐化学转化膜称为磷化膜,磷化膜的组成包括磷酸锰、磷酸锌、磷酸铁等。以往对金属进行磷化的目的:给基体金属提供保护,在一定程度上防止金属被腐蚀;用于涂漆打底,提高漆膜层底附着力与防腐蚀能力;在金属冷加工工艺中起减摩作用等。在激光淬火过程中,形成磷化膜的目的是提高金属表面的能量吸收率(可达80%)。

钢铁的磷化处理工序为:将磷酸盐配成一定浓度的溶液,在一定温度下将工件置于其中浸泡一定的时间后,在工件表面就能生成一定厚度的磷化膜。磷化层的粒度可粗可细,粒度的粗细可通过控制溶液的浓度、温度和浸泡时间来达到。磷化处理的优点:工艺简单,成本低,生产效率高,对零件尺寸改变小,形成的磷化膜均匀细致,获得了相对广泛的应用,适用于大量生产的场合。但是,磷化处理也会带来一些缺陷:磷化的工件再进行激光处理后,在表面会出现微裂纹;磷化表面经激光处理后,工件表面粗糙度增加,Ra 增加 $0.97\sim2.55~\mu m$;对于某些工件,由于使用环境的限制,激光淬火处理后,必须将涂层清洗或去除干净,而磷化膜的去除非常困难。

所有这些缺点限制了这种方法在很多场合的应用。近年来,其他预处理方法已逐步代替磷化处理,如覆盖涂层法。

2) 覆盖涂层法

该方法原理非常简单,即激光处理前在工件表面涂一层能量吸收层,以提高工件表面的能量吸收率。当然,要正常发挥作用,能量吸收层必须具备下述性质。

(1) 对所使用的激光波长吸收率高。

(2) 稳定性好,不宜在高温时过早地分解或挥发。

（3）易于与工件表面黏附。

（4）不与工件表面起化学反应。

（5）导热性好，易于向工件传热。

（6）能保证一定厚度，并且易于施加和清除。

（7）不散发有毒气体，比较环保。

只要符合上述条件，就可以作为激光淬火处理的能量吸收层。近年来，国内外科研人员已经开发研制符合上述要求的各种能量吸收层，其中比较有代表性的有黑色涂料和氧化物涂层。黑色涂料的主要成分为石墨粉和硅酸钠或硅酸钾，它的优点是对激光吸收率较高，激光处理后的剩余涂层易于清除，所以广为激光热处理工作者采用，适用于实验或少量零件生产的场合。氧化物涂层有氧化锆涂层、云母粉加石墨粉涂层等，这种涂层的吸收率也很高，实验结果表明氧化锆涂层的吸收率可达 84.3%～90.1%，但目前的应用还不高，有待进一步研究并推广应用。

相对于磷化处理，覆盖涂层法的一个显著优点是，可以有选择性地在工件表面覆盖吸收层，并且涂层的去除相对较为容易，因此将吸光涂料用于激光淬火预处理是一种极有前途的方法，其吸光率高，淬火后容易去除。但用于大规模自动化生产需解决如下问题：①寻找合适的吸收涂层；②如何让涂层在待处理表面覆盖均匀等；③如何实现自动化喷涂等。

无论是磷化处理还是覆盖涂层法，其本质都是在工件表面增加一层能量吸收层。为了便于对比各吸收层的能量吸收率，表 6.1.1 给出了部分类型表面层对 $10.6\mu m$ 波长激光的能量反射率。

表 6.1.1　钢表面吸收层对 CO_2 激光反射率的典型值

表　面　层	砂纸打磨 (1 μm)	喷砂 (19 μm)	喷砂 (50 μm)	氧　　化	石　　墨	二硫化钼	高温油漆	磷化处理
反射率/(%)	92.7	31.8	21.8	10.5	22.7	10.00	2～3	23

3）其他提高表面能量吸收率的方法

当入射激光为线偏振光，偏振方向在入射平面内，入射角度大到接近材料的布儒斯特角时，材料将强烈吸收入射激光。根据该现象，可以实现不经任何预处理提高材料表面的能量吸收率。布儒斯特角 $\gamma = \arctan \dfrac{n_2}{n_1}$，这里，$n_2$ 为材料的折射率，n_1 一般为空气折射率（约为 1）。对于钢来讲，其布儒斯特角约为 $87°$。这种方法适合于某些光束不易射入的表面。

应用辅助激光照射法（目前还处于现象发现和实验研究阶段），其现象为当用单种激光照射工件表面时，工件表面的能量吸收率很低，但是，如果同时用另一种辅助激光照射，则表面能量吸收率大大提高。上述现象的原因尚不清楚，如果能有效掌握这种方法，预处理过程将大大简化。

2. 激光淬火工艺参数的选择

激光淬火过程是一个多参数综合的复杂工艺过程，这些参数包括：激光功率 P、光斑尺寸 d、扫描速度 v、激光的工作方式、扫描轨迹、辅助气体气压、激光模式等。但是，在实际生产过程中，不可能同时确定这么多参数，首先，根据实际生产条件确定必须满足要求的一些参数；然后，在此基础上不断变化其他参数组成各种组合，通过动态仿真或实际反复试验，找出最合适的那组参数投入使用。由于激光淬火过程涉及的因素太多,因此其工艺移植性很差,就目前的现状而言,应用该技术的单位多是根据各自的情况,自行选择本单位的工艺参数,很难直接将前人的研究结果"拿来"使用,只能作为参考。因此,下面只能介绍工艺参数的选择方法,至于系统的工艺参数选择方法还有待于进一步研究。

在激光淬火过程中,激光工作方式一般为连续工作方式或长脉冲工作方式;激光模式多为光斑内能量分布比较均匀的高阶模;扫描轨迹结合实际的零件选择。因此,激光淬火中主要需确定的工艺参数为:激光功率 P、光斑尺寸 d 和扫描速度 v。高阶模,可将激光功率和光斑尺寸合在一起作为另一个重要工艺参数——激光功率密度来选择。

由于激光淬火处理金属材料过程中,材料的温度满足

$$T \propto \frac{P}{v} \qquad (6\text{-}1)$$

式中:T 为金属表面涂层的激光能量吸收率。

与之相对应,激光淬硬层深度满足

$$H \propto \frac{P}{v} \qquad (6\text{-}2)$$

式中:H 表示激光淬硬层深度。

由式(6-2)可以看出,功率密度越大,材料吸收的能量份额就多,所以表面温度就升高,同时传入基体的能量就多,硬化深度也就增大。激光扫描速度影响激光停留在扫描路线上各点的时间,也就是影响激光直接加热各点的时间。因此,随着扫描速度的增加,加热各点的时间缩短,在激光功率密度相同的情况下,材料能够吸收的激光能量份额小,最终使得材料表面温度下降,同时传入基体的能量也减小,材料硬化深度下降。式(6-2)可以帮助选择工艺参数,并且研究表明,激光功率、光斑尺寸和激光扫描速度三者之间可以相互补偿,经调整可以得到相近的结果。

同时,很多研究人员在式(6-2)的基础上通过理论和实验研究,得到针对某一种具体材料的可供参考的选择依据。如分析零部件材料的热处理参数;用快速轴流 CO_2 激光器处理 HT250,通过参数不断优化,最终拟合出如图 6.1.5 所示的曲线,以及式(6-3)所示的公式,实验证明该式对工艺参数的初选很有价值。

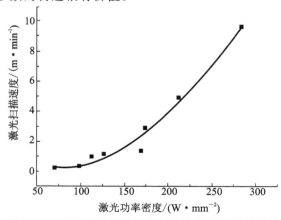

图 6.1.5　CO_2 激光器激光淬火处理 HT250 最优参数

$$P = 223.92 - 0.842v + 0.0009v^2 \tag{6-3}$$

式中:P 为激光功率密度。

实际应用过程中,一般先根据使用要求确定硬化层宽度,然后根据硬化层宽度确定所需要的激光光斑尺寸,再在此基础上根据其他的硬度或深度要求确定激光功率,最后得到需要的功率密度。而选择激光扫描速度时,除了考虑硬化层深度外,还要充分考虑生产效率。当然,实际生产过程中,激光功率密度和激光扫描速度的选择是不可能完全分开的。

3. 激光淬火后的组织性能

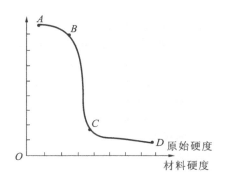

图 6.1.6 激光淬火处理铁基材料淬火带内典型硬度分布曲线

激光加热时,由于处理表面处由表及里所能达到的最高温度不同,因此各深度处的组织性能有很大的差别;且即使激光工艺参数相同,不同材料处理后的组织性能也不同。但是,从宏观上看,淬硬层由表及里可分为三个区,即固态相变区、过渡区和基体。淬火过程中,固态相变区吸收热量最多,温度最高,达到奥氏体相变临界温度以上,淬火最充分,因而该层马氏体的含量较高,硬度也很高;过渡区内的温度相对较低,因此相变不完全,组织中有马氏体含量较低;基体内则几乎还是原始组织,因此硬度仍为原始硬度。与淬火后的组织相对应,处理表面处由表及里硬度分布的典型曲线如图 6.1.6 所示。AB 段为固态相变区,BC 段为过渡区,C 以后为基体。

铁基材料经过激光淬火处理后,在材料表面形成极细的马氏体、极高的位错密度和压应力,因此,材料表面的各项力学性能都得到了改善。大量实验和实践都证明,激光淬火处理中,工件的耐磨性、抗疲劳性能、耐腐蚀性能等均得到提高,这已经是一个公认的事实。

评价与收获

将本任务的评价与收获填入表 6.1.2 中。

表 6.1.2 任务的评价与收获

过程评价					
评价内容	认知态度	多媒体使用情况	团队协作情况	参与程度	任务完成情况
评价等级					
收获与反思					

巩固与练习

1. 简述淬火技术原理。

2. 淬火技术有哪五个方面的特点?

3. 淬火工艺预处理有哪三种方法？

4. 如何进行淬火参数的选择？

任务 2　激光合金化

任务场景

激光表面合金化是达到表面强化的方法。该技术的特点：一能在材料表面进行各种合金元素的合金化，改善材料表面的性能；二能在零件需要强化的部位进行局部处理。所以对节能、节材，提高产品零件的使用寿命具有重大的意义，如图 6.2.1 所示。

图 6.2.1　激光合金化加工工件

任务要求

了解激光合金化原理，材料间的稳定性、匹配性、方法以及工艺流程，知道激光合金化的应用实例。

任务准备

1. 网上检索相关图片和视频，下载并编辑。

2. 多媒体及课件。

基本活动

一、基本知识

激光表面合金化（LSA）是一种通过改变工件表面材料成分来实现工件表面改性的技术。它是应用激光辐照加热工件，使之熔化至所需深度，同时添加适当合金化元素来改变基材表面组织，形成新的非平衡微观结构，从而提高材料的耐磨损、耐疲劳和耐腐蚀等性能的工艺。合金化的表面层与基材形成冶金结合体。与普通电弧表面合金化和等离子喷涂合金化相比，激光表面合金化的优点主要体现在可以准确地控制功率密度和加热深度，工件的变形量小；可实现材料局部和难于接近部位的合金化；可在不规则的工件上获得均匀的合金化深度；加工过程快。

表面合金化常采用的激光源有 CO_2 激光、Nd:YAG 激光等。连续型波和脉冲型波均可用于激光表面合金化；调 Q 开关型激光可在瞬间获得高峰值功率脉冲。选择激光源时需要考虑激光的输出功率、光束直径、光束模式、波长、脉冲宽度和频率。其他表面合金化的工艺要素包括形成预期光束形状的光学积分器、激光多道搭接扫描、工件移动速率、合金化元素的供给方式,以及基材预热情况与表面状态。

由于金属材料的光反射和高热导率,表面合金化所用的激光功率要求较高。对如陶瓷和聚合物等非金属材料而言,激光功率则可相应降低。合适的激光表面合金化的功率密度为 $10^4 \sim 10^6$ W/cm^2。激光束横向电磁(TEM)模式可表征为四种,即高斯模式、多模式、矩形模式和凹顶模式,其中后三种模式的激光束适合于表面合金化,可以实现均匀的熔深和高合金覆盖率(即合金化熔池宽度与扫描速率的乘积(cm/s)),而高斯模式更适用于切割和焊接。应用光束整形积分镜对激光光束整形,可以获得能量均匀分布的矩形光带,适于大面积激光熔覆。合金化元素的供给可采用镀覆技术、冶金结合技术或扩散技术的预置方式,或送粉或送气的同步送进方式。根据合金化元素添加至熔池的方法,合金化可分为重熔合金化和熔化合金化两种过程,如图 6.2.2 所示。

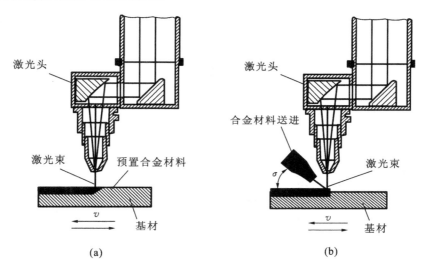

图 6.2.2 激光表面合金化示意图

二、激光表面合金化技术分析

1. 激光表面合金化激光源

激光表面合金化所用的激光,按其重要性递减的顺序为 CO_2 激光、掺钕钇铝榴石(Nd:YAG)激光、掺钕玻璃(Nd:玻璃)激光和掺铬氧化铝(红宝石)激光。脉冲型波和连续型波都可以用。有时还可以采用光电开关(调 Q 开关),在很短的时间内可以获得高峰值功率脉冲。

表面合金化选择所用激光合金化工艺的重要原因是激光优良的输出功率、光斑尺寸、光束构型、扫描速率等,激光合金化中能量密度一般为 $10^4 \sim 10^8$ W/cm^2。如果采用近似聚焦的光束,则一般在 $0.1 \sim 10$ ms 的时间内就会形成要求的合金化熔池,其深度一般为 $0.5 \sim 2$ mm,自激冷却速度高达 10^{11} km/s,相应的冷却速率达 20 m/s。目前,实用的工艺都是在大功率连续 CO_2 激光器上进行的,因为它比其他类型的激光具有更高的电效率和更高的功率。

2. 激光加工设备的配套性与稳定性

激光表面合金化需要大功率激光束,因为用于激光表面合金化的最大光斑直径受到激光功率的限制。如 2 kW 的 CO_2 激光器,适于合金化的最大光束直径仅为 5 mm,而 5 kW 激光器的最大光束直径也只有 8 mm。对于连续激光,为了达到大面积合金化的目的,必须利用大功率或大面积光斑技术,如聚焦法、宽带法及转镜法等。

如果采用大面积光斑技术,当激光输出功率一定时,光斑面积越大,其功率密度越低,光束直径的增大将使功率密度以平方关系下降,这将削弱激光的高能密度和超快速加热的优势。对于激光表面合金化,为了保持激光的高能密度和超快速加热等优势,当激光输出功率为 2 kW 时,光斑的最大理论面积不能超过 20 mm²;而当激光输出功率为 5 kW 时,光斑面积要小于 50 mm²。若采用宽带扫描装置,当光束由圆形变成矩形时,虽一次扫描的面积大了,但它是以显著降低扫描速度为前提的。另外,宽带束的宽度也受到激光的功率、光束的光学特性和光学元件的加工精度等控制,目前还仍处在研制阶段。因此,大面积光斑技术也是有局限性的。若采用大功率技术,就存在激光器的稳定性问题。目前国产串接 5 kW 激光器的稳定性尚可,但 5 kW 单机的性能稳定性欠佳,且噪声较大;10 kW 激光器仍在研制中,还未形成商品。

因受激光器功率的制约,目前大面积的合金化都采用多道搭接扫描的技术,如图 6.2.3 所示。

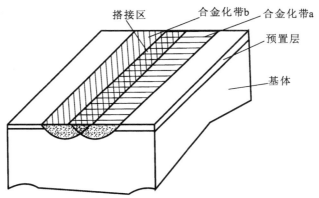

图 6.2.3 激光表面合金化采用多道塔扫描

第二次扫描是在第一次扫描的基础上完成的,存在一个搭接区,由于二次加热效应,其组织与性能均不同于正常合金化区的组织与性能。搭接区具有形态复杂的特殊组织特征,整体上表现为一种宏观的呈周期性出现的组织状态,这种组织的周期性必然带来性能的周期性变化。一般来讲,耐磨件对组织与性能的这种周期性变化不太敏感,但耐蚀、耐热和抗疲劳件则对此十分敏感,很容易在搭接处导致零件过早失效。

3. 合金化材料与基体材料间的匹配性

激光表面合金化所使用的元素和化合物可以用于不同金属材料表面的强化。由于这些合金化材料在高能激光束的作用下,很容易进入激光合金化区,故其选择范围是非常广泛的,似乎所有的元素和化合物都能应用于各种基材的激光表面合金化。但对于激光表面合金化技术的应用,选择合金化材料时,除了应考虑所需要的性能(如合金化层的硬度、耐磨性、耐蚀性、抗氧化性能等)外,还必须考虑在激光作用下这些合金化材料在进入金属表面时的行为及其与基体金属熔体的相互作用特征,即它们相互之间的溶解性、形成化合物的可能性、润湿性、线膨胀系数和密度等物理性能的匹配性,以保证得到均匀、连续、无裂纹和孔洞缺陷的合金化层,如润湿性对合金化的影响,如图 6.2.4 所示。

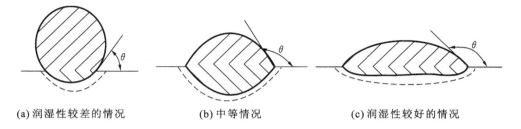

(a) 润湿性较差的情况　　　　(b) 中等情况　　　　(c) 润湿性较好的情况

图 6.2.4　激光合金化层的形貌

只有当合金化材料对基本材料的润湿性能较好时,才能达到比较满意的合金化效果。合金化层与基体应达到冶金结合状态,以提高合金化层的结合强度,并且合金化层的韧度、抗压和抗弯等性能指标要满足使用要求,这些规范都是实际生产应用中不可缺少的。

4. 基体与合金化组元的选择

在激光表面合金化工艺的开发上,人们对基体材料的选择和合金成分的配比进行了大量深入的研究,其中基体材料多选择铁基合金和非铁金属。此外,半导体与金属薄膜的合金化也是一个重要的应用领域。铁基材料包括普通碳钢、合金钢、高速钢、不锈钢及各类铸铁。非铁金属的激光表面改性研究起步较晚,所研究的材料包括 Al、Ti、Cu、Ni 及其合金。在合金化组元的选择上,既有 Cr、Ni、W、Ti、Co、Mo 等金属元素,也有 C、N、B、Si 等非金属元素,以及碳化物、氧化物、氮化物等难熔质点。近些年来在这方面所研究的内容如表 6.2.1 和表 6.2.2 所示。

表 6.2.1　金属元素激光表面合金化

基体金属材料	添加元素(强化相)	硬度/HV
45 钢、GCr15 钢	Mo_OS_2、Cr、Cu	耐磨性提高 2～3 倍
T10 钢	Cr	900～1000
ZL104 铸造铝合金	Fe	≤4800
Fe、45 钢、T8A 钢	Cr_2O_3、TiO_2	≤1080
Fe、GCr15 钢	Ni、M_O、Ti、Ta、Nb、V	≤1650
Fe、45 钢、T8 钢	YG8 硬质合金	≤900
Fe	TiN、Al_2O_3	≤2000
45 钢	WC+Co、$WC+C_O+Mo$	1450,1200
	WC+Ni+Cr+B+Si	700
铬钢	WC	2100
Ti	C	1700
灰铸铁	Cr	700
球墨铸铁	Cr	600～750
AISI308 不锈钢	TiC	HRC58

表 6.2.2　非金属元素激光表面合金化

基体金属材料	添加元素(强化相)	硬度/HV
Fe	石墨	1400
1Cr12Ni12WMoV 钢	B	±225
工业纯钛 BT_{1-0}	B-C、Si-C	1480~2290
钛合金 AT_3AT_6	N	856~890
工业纯钛 BT_{1-0}	N	≤1650
40 钢	B	显微硬度提高 1 倍
Fe、45 钢、40Cr 钢	B	1950~2100
20 钢	C、B	1000~1340
20 钢	C-N、C-B	1000~1250
铸铁、45 钢	B-N	800~1400
45 钢、60 钢	C-N-B	900~1350
45 钢	C-N-B-Ti	1500

　　可见,对各类基材所选配的合金元素或硬质点,经合金化后均会大幅度提高基材表面的硬度、耐磨性以及耐蚀等性能。

三、激光表面合金化的应用实例

　　前述两种激光表面合金化方法的应用都很广泛,此处仅列举数例说明激光表面合金化的应用和效果,重熔表面合金化也即预置合金涂层的表面合金化。美国 AVCO 公司将 Cr、Co、W 粉末预涂于灰铸铁阀座内壁,采用 6.5 kW CO_2 激光进行激光合金化处理,15 s 即可获得 0.75 mm 厚的合金层。既增加了产品的使用寿命,又降低了生产成本。

　　为了提高中碳低合金钢的耐腐蚀性能,可以采用 Cr-Mo 粉末进行激光表面合金化处理。将 180~250 目 Cr 粉与 Mo 粉按 Cr∶Mo＝4∶1 比例混合,用等离子喷涂在基材表面,形成约 200 μm 厚的预置涂层。采用 2 kW CO_2 横流激光器、光斑直径为 1.75 mm、功率密度为 $6.25×10^4$ W/cm^2、扫描速度为 5~45 mm/s 进行多道搭接扫描。试验表明,在功率密度不变的情况下,随扫描速度的增加,熔深减小,合金化区的 Cr、Mo 含量增加。由此可得不同合金成分的合金层。腐蚀试验表明,Cr18Mo6 成分的合金层在 $1MH_2SO_4$ 溶液、$1MH_2SO_4$ ＋0.5MNaCl 溶液和 0.1MHCl 中的耐腐蚀性能高于 18—8 不锈钢和其他 Cr-Mo 成分比例的合金层。

　　高碳钢的耐磨性能经 C-N-B 激光合金化后可以进一步提高。将 1∶2∶4 的 C、B_4C、$CO(NH_2)_2$ 粉末与有机黏合剂混合均匀涂在 60 钢表面,厚 0.2 mm。采用 1.4 kW CO_2 激光器、光斑直径为 3 mm、功率密度为 $1.98×10^4$ W/cm^2、扫描速度为 2~10 mm/s。合金化区的组织中分布了网状碳化物、氮化物和硼化物。随扫描速度的增加,晶体形貌依次呈脑状晶、胞状枝晶和粗大枝晶。调节激光扫描速度,合金层可获最大的硬度。合金化层的耐磨性可比基材提高 20 倍。与之类似,20 钢经 C-N 和 C-B 激光合金化,耐磨料磨损的性能亦可得以改善。

钢铁金属和合金经 Ni 基激光表面合金化后可以提高表面层硬度。采用 Ni 基自熔性合金粉末(如 Ni-15Cr-7Fe-4Si-0.1C),用火焰喷涂、等离子喷涂等方法预涂于材料表面,层厚为 0.1~0.15 mm。采用 5 kW 连续波 CO_2 激光器,输出功率为 3.8 kW;光束同轴送 N_2 保护气,功率密度为 $(3~8) \times 10^4$ W/cm^2,扫描速度为 8~90 mm/s。45 钢的激光表面合金化区为枝晶网状结构。在一定扫描速度范围(<40 mm/s)内,合金层的硬度随扫描速度的增加而增加,表层最高硬度可达 1180HV;扫描速度超过 80 mm/s 后,合金层的硬度因合金化不充分而下降。高磷铸铁 Ni 基激光表面合金化的组织为莱氏体共晶组织,表层硬度在 900HV 的硬化层深度可达 0.3 mm。

如前所述,熔化合金化的表面合金化组元可以固体颗粒或气体的形式供给。碳钢也可以通过激光熔化表面合金化实现表面硬化。所用 SiC 粉末粒度为 50~100 目,纯度为 99.8%。激光加工前,含碳 0.18% 的低碳钢基体表面先经喷砂,以清洁表面、预置表面压应力、增加光束能量吸收。采用连续波 CO_2 激光器,输出功率为 1.2 kW、光斑直径为 3 mm、功率密度为 1.7×10^4 W/cm^2、扫描速度为 1~3 mm/s。激光熔化表面合金化后又进行了二次激光重熔处理,扫描速度为 5 mm/s,得到的合金硬化层最高硬度为 1160HV,是基体材料的 5~6 倍。

钛和钛合金的激光气体表面渗氮是一种提高材料耐腐蚀性能的常用技术。有关研究采用 5 kW 横流 CO_2 激光器、TEM_{20} 模、光斑直径为 7 mm;对于工业纯钛和 $TiAl_6V_4$,扫描速度分别为 8.3 mm/s 和 5 mm/s;光束同轴送 N_2 合金化气并加 N_2 保护激光熔池,N_2 流量为 30 L/min。材料激光加工前,经过喷砂处理以增加光束能量吸收。激光表面合金化层厚度可达 0.5 mm,合金层的组织为富氮的 α 基体上分布 TiN 枝晶。阳极极化试验表明,在 2MHCl 熔液中,试验材料均未发生腐蚀或点蚀。$TiN/TiAl_6V_4$ 的钝化电流密度约为 10^{-8} A/cm^2,比 TiN/Ti 的低约一个数量级,比基体材料低约两个数量级。TiN 层改善了 Ti 和 $TiAl_6V_4$ 的耐腐蚀性能。

钛和钛合金的激光气体表面渗氮也是提高零部件耐磨性能的有效方法。然而,激光渗氮的一个重要问题是裂纹。一种有效的方法是,先用等离子喷涂将 70%Ni-30%Cr 的混合粉末喷在材料表面,而后采用激光表面渗氮,这就是所谓的复合的激光合金化方法。研究采用 Nd:YAG 激光,参数为激光功率为 100~300 W、光斑直径为 3 mm、扫描速度为 6~20 mm/s、氮气压力为 0.4 MPa、脉冲宽度为 4 ms、脉冲频率为 10 Hz、重叠率为 50%;Ni-Cr 预置层为 50 μm。球-平面往复磨损试验用来考察滑动和微振磨损。激光表面渗氮层的组织由枝晶状 TiN、针状 TiN、Ti_2N 和 Cr_2N 组成,最高硬度达 1600HV,是纯钛基材的 7.3 倍。该激光表面渗氮大大改善了材料的两种磨损性能。

四、激光表面合金化工艺

(一) 激光表面合金化工艺方法

激光表面合金化采用的工艺方法一般有三种:预置材料法、硬质离子喷射同时法和激光气体合金法。

1. 预置材料法

预置材料法即在激光处理前将合金化材料预置于基材表面的方法,它是当今表面合金化工艺中较普遍采用的方法。该方法采用电沉积、气相沉积、离子注入、刷涂、渗层重熔、火焰及等离子喷涂,黏结剂涂覆等方法将所要求的合金粉末事先涂覆在要合金化的材料表面,然后激光加热熔化,在表面形成新的合金层。这种方法在一些铁基表面进行合金化时普遍采用。对沉积膜的要求是具有洁净的衬底,薄膜界面为光洁的表面。较薄的预置膜通常可采用气相沉积、真空溅射、离子注入等手段制得;而对于制作较厚的预置膜,可以采用电镀、喷涂、轧制、扩散(如渗硼)、预涂合金粉末或膜片等方法。

在预先沉积法中,将合金粉末通过黏结剂制作成膏状预涂在基材表面的方法被广为利用。此方法的优点是经济、方便、不受合金元素的限制,以及易于进行混合成粉末的合金化;缺点是预涂层的厚度不易控制,黏结剂种类的选择对激光辐照时合金粉末的喷溅、烧损及合金化后表面质量有较大影响。因此,在此方法中,对黏结剂有较高的要求,做成膏剂后易于涂敷和弄平,干燥后预涂层与基材间有很高的结合强度,在激光辐照时易于汽化,不阻碍合金层的形成,且不影响性能等。

2. 硬质离子喷射同时法

硬质离子喷射同时法的特点是,在激光熔化基材表面的同时向熔池中喷入合金粉末或硬质粒子,以实现表面的合金化。近几年来,国内外一些专家们正在热心研制各种类型的自动送粉装置,以不断完善这一方法。自动送粉的优点是,易于实现自动化,可得到良好的表面合金层质量且可提高粉末的利用率。

在工作表面形成激光熔池的同时,从一喷嘴中将碳化物或氮化物等难熔硬质粒子用惰性气体直接喷入激光熔池而得到弥散硬化层。厚度一般为 $0.01\sim0.3$ cm,它取决于扫描速度、激光功率和光斑尺寸。典型的操作条件:光斑直径 2 mm,激光功率 6 kW,扫描速度 5 cm/s。通过向激光融化的 Ti 和 M2 高速钢制切削工具表面注入六方结构氮化硼粉末,都能产生具有超硬度的高质量合金化层,如表 6.2.3 所示。

表 6.2.3 硬质粒子喷注 BN 激光合金化数据

样品激光处理	维氏硬度范围/HV		熔深/μm		处 理 缺 陷
	Ti 钢	M2 钢	Ti 钢	M2 钢	
基体熔化(一道)	650~900	650~900	230	240	无
BN 粉末喷注和 1 次激光熔化	1140~360	1050~1190	200	220	少量裂纹和孔洞
BN 粉末喷注和 4 次激光熔化	1570~1840	1090~240	310	320	一些孔洞
BN 粉末喷注和 10 次激光熔化	1200~1940	1190~1840	840	670	孔洞
样品 4 次激光重熔	1750~2150	1700~1930	840	670	很少裂纹和气孔

3. 激光气体合金化

人们虽然在激光表面合金化的工艺技术方面做了大量的研究工作,但与激光相变强化相比,激光表面合金化的研究尚不够深入,工艺参数的重复性和可信度不大,实验结果往往难以相互引用,工艺理论研究尚不成熟。这些问题除继续深入探讨外,也开始寻求其他新的工艺和方法:如激光气体合金化,是指在适当的气氛(氮气、渗碳气氛等)中,采用激光加热熔化基材表面,气氛中的气体与基材反应,使材料表面的厚度比那些经过正常固态反应处理所获得的厚度要大得多。它主要采用 Al、Ti 及其合金等软基材合金化处理,可分别获得 TiN、TiC 或 Ti(C、N)等表面化合物层,硬度可达 1000 HV 以上。在熔池的对流作用下,合金元素可以快速地渗入较深的部位。这种情况下,表面粗糙度主要取决于样品原始表面粗糙度、成分、气流速度及喷嘴角度,既能控制表面平整度,又能强化表面性能,如果这项工艺能得到很好完善,就可能应用于生产,对实际应用产生巨大的影响。

(二)重熔合金化工艺

重熔合金化是一个两步的过程,即先在基材表面预置合金化材料,而后进行激光辐照使其和基材表层重熔。通常,重熔表面层的厚度与熔覆合金化材料的厚度相当,也就是混合系数约为 0.5。重熔从表面的合金化材料开始,并通过对流和传导向基材表面层扩展,结果是合金化材料完全熔入基材材料,如图 6.2.5(a)所示。

激光表面合金化所用的功率密度在 $5 \times 10^4 \sim 5 \times 10^6$ W/cm^2 范围内,比用于激光硬化的功率密度大。合金化所用的时间在$(1/10 \sim 1/1000)$ s 范围内。功率密度越大,重熔的深度也越大,大的功率密度会导致等离子的形成和材料的蒸发。

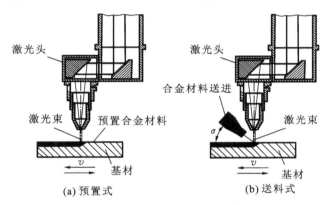

(a) 预置式　　　　　　　(b) 送料式

图 6.2.5　激光表面合金化示意图

重熔合金化过程总是伴以等离子体的出现和材料的蒸发。等离子体一方面屏蔽表面,影响激光的进一步加热;另一方面又与熔化的金属熔池反应,产生压力并引起熔化材料组元运动。这会在熔池内激光束导入材料的位置形成一个锥形坑。该锥形坑界面受来自下方的流体静压和来自上方的蒸气压作用,二者形成一非稳态平衡。激光束与被加工物体相对移动会影响该非稳态平衡状态。在合金化过程中,锥形坑向尚未熔化的材料方向移动。在移动锥形坑的后面,蒸气压造成金属的不连续熔入,结果在熔融表面出现类似焊缝的特征波纹。

由于等离子体对熔池有两个方面的影响,可以采取不同方法减小其对熔化材料的作用,例如用加热中性气体吹走等离子体雾,其中气体加热是为了不影响能量的损耗;又如在吹走等离子体雾的同时,用一套平面镜或一个半球面镜将激光辐照反射至被处理的区域。其中,保护气体流动自然也保护激光头的光学系统免于加工中产生的气体、蒸气和固体粒子沉积在其上面。

合金化过程可通过一道或数道激光束扫描来完成,合金化材料可用多种方法预置在基材上,预置方法包括喷漆、悬浮物喷涂、结晶性粉末或膏体(含有合金化的钢铁粉末冶金合金、碳化硼、碳化钨、碳化钛和硼砂)覆盖、热喷涂(火焰、电弧、等离子和爆炸)、气相沉积、电沉积、薄膜、片、条或丝,或放电加工(EDM)。沉积层厚度在几微米到一百多微米的范围内。由于粉末的激光辐射吸收系数较高,粉末冶金材料的激光加热效率比固体材料的大,通常可达 0.6。基材表面粗糙度也有比较重要的作用。表面粗糙度的增加会改善粉末材料对基材的附着,因而有助于合金组元向熔池的过渡,导致粗糙表面的快速熔化,如图 6.2.5(b)所示。

合金组元亦可由熔体材料输入基材,即合金化元素在激光作用之前呈液态。这种过程又称为激光液态合金化。激光液态合金化工艺很简单,直接把工件放入合金化液体中用激光辐照即可。待合金化的基材置于合金液体中,如图 6.2.6 所示,激光束通过液体中的一个蒸气或气相通道到达基材表面并对其加热。在表面上,通道拓宽形成一个半球面的空间,其中充满合金化液体的蒸气,反射原来基材熔池反射的辐照。这种所谓激光液态合金化可用于渗碳和渗氮。例如在激光液态渗碳中,渗碳材料多为含碳的溶液,常用的渗碳剂有己烷、乙

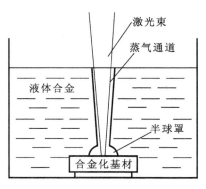

图 6.2.6 激光液态合金化示意图

炔、甲苯、四氟氯碳、石油等。激光液体渗氮过程可在液态氨中进行,如对钛和铁进行激光渗氮,可将其置于液氮或氨水中采用准分子激光辐照。

在合金化中要根据合金化元素类型和合金化的深度要求妥善选择加工参数。随着激光功率密度或脉冲能量密度的提高、加工速率(工件相对于激光束的移动速度)和脉冲持续时间的增加,合金化的区域增加而合金化的浓度下降。随着合金化层深度的增加,合金化的区域下降而合金化元素的含量增加。应该注意的是,当光束路径重叠时,基材上再热区域的硬度下降远大于重熔硬化的下降。

脉冲加热的重熔合金化的平均层厚为 0.3~0.4 mm,而连续加热的平均层厚为 0.3~1.0 mm。合金化后,波纹的高度为 20~100 μm,通常需要打磨加工。

最常用的合金化组元有非金属、金属和各类化合物。非金属合金化组元包含碳、氮、硅和硼,合金化则冠以相应的名称,如渗碳、渗氮等。激光渗碳采用含石墨或炭黑的溶液,其溶于丙酮、乙醇或其他溶剂或溶于漆中,诸如含活性添加物氯化铵或硼砂的酚醛树脂;或其溶于碳氢化合物或含碳溶液,如己烷、丙酮、甲苯、四氯化碳、植物油等。渗碳是为了提高低碳钢的硬度。激光渗氮采用含铵盐、尿素的膏体,气态或液态的氮。渗氮工艺应用于钢,亦包括钛、锆、铪或它们的合金,以提高硬度、耐摩擦磨损和高温性能。激光渗硅采用含硅粉末的膏体或溶液(如硅胶 H_2SiO_3 悬胶液),以提高钢的耐高温、腐蚀和摩擦磨损的性能。激光渗硼采用膏状混合物,包含硼粉、无水硼酸(B_2O_3)、碳化硼(B_4C)、硼砂($Na_2B_4O_7 \cdot 10H_2O$)、硼铁和添加物(如胶体)。渗硼是为了提高金属的硬度和耐磨料磨损性能。

金属组元包含 Co、Cr、Sn、Mn、Nb、Ni、Mo、W、Ta、V 及其合金,如 Cr-Mo-W、Ni-Nb。金属重熔合金化的一个不利方面是过饱和固溶体的形成。该过饱和固溶体远远超出平衡态

的固溶度。金属重熔合金化中亦有可能形成金属间化合物。应用金属及其合金的合金化会改变钢铁金属、铝、钛和铜合金的力学性能。

化合物主要为难熔金属的碳化物，如 TiC、NbC、VC、TaC、WC、Nb_2C、Ta_2C 或这些金属的合金碳化物，通过热喷涂和放电沉积而成，或以膏体（粉末＋水玻璃、粉末＋硅酸盐胶等）形式存在。

合金化应用于金属和合金，主要用于钢和铸铁，通过添加组元来提高耐热性、耐腐蚀性、耐磨料磨损和耐侵蚀磨损性。这些组元包括：单一元素（Mo、W、C、Cr、B、Mn、Ni、Co、Zn、Cd、Si、Al）和这些元素的复合物（$B\text{-}C$、$B\text{-}Si$、$Co\text{-}W$、$Cr\text{-}Ti$、$Fe\text{-}Cr$、$C\text{-}Cr\text{-}Mn$、$Al\text{-}Cr\text{-}C\text{-}W$）；合金，如 Cr_3C_2、$Cr_3C_2\text{-}NiCr_2$、$WC\text{-}Co$；氧化物，如 Cr_2O_3、TiO_2、B_2O_3。采用复合组元比单一元素合金化所得到的性能好。

应用中最常见的是不同种类钢材的合金化。结构碳素钢和低合金钢可用 C、Cr、Pt、粉末冶金碳化物如 WC、TiC 或 $WC\text{-}Co$ 的混合物、铬膏、硼，通过电解或涂膏预置表面。例如，碳的质量分数为 0.2% 的碳钢经合金化后显微硬度从 $2.5\ GPa$ 提高到 $8.5\ GPa$，合金层厚达 $0.4\ mm$。工具钢可用 B、B_4C 或与铬的复合物（$75\%B_4C＋25\%Cr$），不同复合碳化物、W、WC 和碳化钛、铬或硼化钒、碳化钒或 $Mo\text{-}Cr\text{-}B\text{-}Si\text{-}Ni$ 复合物实现合金化。合金化仅应用在机器部件或工具的关键部位，如压模或刀具的切割刃处。

重熔合金化通常用于铸铁，特别是灰铸铁和高强度铸铁。其合金化成分可为 $Fe\text{-}Si$ 粉末、碳（碳的质量分数为可达 22%，以提高耐侵蚀磨损性）、B、Si、Ni 及其合金和 Cr 等。

铝合金的重熔合金化也有好的效果。Al25 合金采用 $NiCr_2$、$FeCuB$ 或 $NiCrMo$ 粉末基膏体的合金化，使硬度和耐磨料磨损性能大为提高。D16 合金采用碳化物如 B_4C、Cr_3C_2、$B_4C＋Cr$、$B_4C＋Cr_3C_2$ 或 $B_4C＋Cr_2O_3＋CaF_2$ 复合物，也可达到类似的效果。$Al\text{-}Si$ 合金采用 Ni、Cr、Fe、Si 和 C 的粉末合金化，明显提高了耐热性。与之类似，采用 Fe、$Fe＋B$、$Fe＋Cu$、$Fe＋Cu＋B$ 粉末与硝基清漆釉的混合，经刷涂预置表面后合金化，$Al\text{-}Si$ 合金的硬度显著提高，尽管重熔区的合金分布不均匀。

激光重熔钛表面的 Cr、Mn、Fe 或 Ni 电镀层的合金化也使表面层硬度从钛基材的 $1500\ MPa$ 提高到合金层的 $5500\sim10000\ MPa$。有关工作表明，激光硬化的 WT3-1 钛合金硬度相较原合金提高了 $1.1\sim1.6$ 倍。若用 Al_2O_3、$FeCr$、BN 粉末等或过渡族金属的硼化物和碳化物（如 Mo_2C、Mo_2B_5、WC、W_2B_5、VB_2、B_4C、$B_4C＋CaF_2$）与 Cr 的混合，硬化效果可进一步提高。

（三）熔化合金化工艺

熔化合金化的目的与重熔合金化的一样，是为了得到一层性能优于基材和合金化材料的合金表面。熔化合金化是单一过程，即在激光束辐照加热基材产生熔池的同时加入合金化元素。合金化元素可以是全部或部分固熔于基材的固体颗粒（粉末或膏体）或气体。熔化合金化需用连续波激光完成，以保证合金化材料是在不间断的激光辐照下进入熔池。

粉末态的合金化材料在激光合金化的应用中非常普遍。相应地同步送粉法特别适用于输入硬质粉末合金。送粉式合金化是采用专用的送粉装置将合金粉末直接送入基材表面的熔池内，使添加合金元素和熔化同步完成。在激光粉末熔化合金化过程中，基材和合金化材料同时熔化。合金化材料的固态颗粒在激光辐照下得以加热，并可能在进入激光束的一瞬就已熔化；未完全熔化的合金颗粒则落入基材熔池而熔化。

添加的粉末可为单一材料,也可为数种材料的混合物。粉末输送应有气体保护,以防止氧化。但应注意,气体可能会使合金层产生气孔。粉末熔化合金化所用的粉末应均匀、细小。所用的粉末包含 Si、Al、TiC、WC、含钛碳化钨、氮化硼和钴铬钨合金等。被合金化的材料包括钢,特别是工具钢,以及钛。

Ti 用硅合金化时会形成金属间化合物,如 Ti_5Si_3,使硬度提高(20%硅,可使硬度达 600 HV)。用 Al 进行钛合金化会形成铝化钛(Ti_3Al、$TiAl$ 和 $TiAl_3$),可提高其耐氧化能力。

工具钢可用碳化钛、碳化钨、含钛碳化钨、氮化硼、钛铬钨合金以及哈氏合金(50%WC+50%NiCrSiB)进行合金化。耐热耐腐蚀性的钛铬钨合金也可与奥氏体不锈钢和低碳钢合金化。其中,碳钢的钛铬钨合金层的抗拉强度最高,钛铬钨合金层的厚度一般为 0.3~1.0 mm。

轻金属铝合金的激光表面合金化不仅可以提高表面强度、硬度等性能,而且可以利用激光合金化技术,在结构铝合金表面制备出与基体冶金结合的具有各种优良性能的新型合金表层。为了使合金化元素对铝合金基体产生强化作用,引入的合金元素必须与铝基体满足液态互溶、固态有限互溶或完全不溶的热力学条件,这样才能在激光照射后的快速凝固条件下达到固溶强化、沉淀强化或第二相强化等效果。

在众多的合金化元素中,Si 和 Ni 是最常采用的两种合金元素。Si 可溶于 Al 中形成过饱和固溶体,产生固溶强化效果,同时还可以形成大量弥散分布的高硬度的 Si 质点(1000~1300 HV),从而可大大提高耐磨性。在铝合金表面加入硅的激光合金化中,硅粒子有两种方式弥散分布,即未熔硅粒子对流混合弥散化和粒子完全熔化后再以先共晶硅粒子形式析出弥散。单次激光熔化时,有时硅粒子不能完全熔化,其分布的特点是从表面至底部颗粒逐步增大。表面硅颗粒熔化严重,而熔区底部硅粒子基本保留了其原有的形状。此时采用多次激光照射可以使硅粒子充分熔化,然后再以先共晶硅的形式析出,形成在铝硅合金的共晶基体上分布着角状先共晶硅的组织。

Ni 在浓度较低时与 Al 形成 NiAl 硬化相,可有效地强化铝基材料。

此外,Cr、Fe、Mn、Mo、Ti、Zr、V、Co 等也是对铝合金进行合金化强化的有效元素,它们在铝基体中形成过饱和固溶体及多种介稳化合物强化相。在铝合金的激光表面合金化中,有时还加入 MoS_2,其目的是在提高表面硬度的同时降低摩擦因数,因为 MoS_2 兼有减小摩擦的作用。

在铝合金的激光表面合金化中,除了加入合金元素实现固溶强化、沉淀强化或第二相强化之外,还可以添加金属基复合物(MMC),如碳化物类硬质粒子。这些硬质粒子在合金化过程中将保持其原有的形态,并镶嵌在合金化的基体中,从而使表面硬度和耐磨性提高。常采用的金属基复合物(MMC)包括 TiC、WC、SiC 等碳化物。对 CO_2 激光反射率很高的 Al 及铝合金的 TiC、WC 类硬质粒子合金化采用同步送粉方式,更显示出其优点。这主要是因为碳化物对 CO_2 激光具有高的吸收率,在送粉过程中,碳化物粒子在激光束的作用下可被加热到相当高的温度,这些炽热的碳化物粒子有助于铝合金基材表面的熔化,因而可大大降低所需激光功率。表 6.2.4 列出了几种铝合金激光表面合金化的一些研究结果。

表 6.2.4　铝合金激光表面合金化的一些研究结果

基　体	合金元素或硬质粒子	合金化层特征
5052	TiC	TiC 达 50%(体积分数),耐磨性显著提高
5052	Si	Si 含量达 38%(体积分数)
Al-Si 合金	碳化物粒子	耐磨性提高 1 倍
ZL101	Si+MoS$_2$	硬度可达 210 HV,为基体硬度的 3.5 倍
Al-Si 合金	Ni	合金层生成 NiAl$_3$ 硬化相,硬度可达 300 HV
ZL108	Si	硬度可达 200～230 HV,比基体硬度 80～100 HV 高 1 倍多
ZL108	Si+MoS$_2$	硬度可达 230～280 HV
ZL108	Ni+Cr	Ni:26%～37%;Cr:5.1%～5.5%,最高硬度达 610 HV

采用上述合金元素进行的合金化可以快捷地获得合金硬化层。合金层的硬度随合金化元素的增加而提高。但是,当硬度超过 350 HV 时,会出现由合金化元素过量引起的裂纹。同时,采用金属基复合物硬化粒子和其他元素的合金化是提高硬度和耐磨性的有效方法。有研究表明,通过激光合金化 SiC 粒子和 Al-Si12 粉末,在 Al-Si-Mg 合金表面得到 SiC 弥散分布的金属基复合物合金层。不足的是 SiC 粒子会部分与熔融的铝合金发生反应而分解,降低硬化效果,而另一种金属基复合物 TiC 则不会在熔融的铝合金中分解。

一种用表层沉积 Cu 的 TiC 颗粒进行的激光表面合金化可有效地将铝合金的表面硬度提高到 350 HV。复合粉末的 Cu 含量可通过调整 Cu 层的厚度在 10%～60% 范围内变动。直径为 30～42 μm 的粉末用丙烯酸黏结剂黏合预置在 Al-Mg(JISA5080)合金板上并烘干。可采用 CWCO$_2$ 激光进行合金化辐照。研究表明,可达到的金属基复合物合金层为 1～2.5 mm,合金层的厚度随加工速度的增加而减小,如图 6.2.7 所示。金属基复合物合金层的显微组织由亚共晶、层状共晶、含初始口相(CuAl2)的过共晶和块状 Cu9Al4 化合物构成。金属基复合物合金层的硬度随 Cu 的质量分数和 TiC 颗粒体积分数的增加而增加,如图 6.2.8 所示,达到 500 HV 的最高硬度亦不产生裂纹。该合金层的耐磨性随硬度的增加而增加,如图 6.2.9 所示,比原 Al-Mg 合金的高出 6 倍,而且也高于仅用 Cu 合金化的合金层。

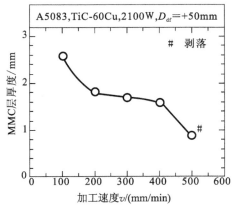

图 6.2.7　加工速度对 MMC 合金层厚度的影响

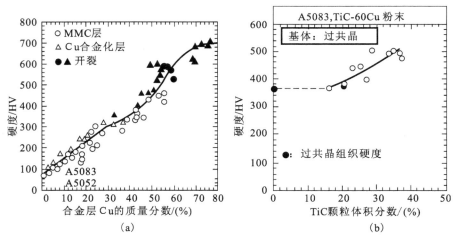

（a）　　　　　　　　　　（b）

图 6.2.8　合金层 Cu 含量

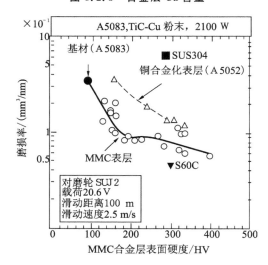

图 6.2.9　MMC 合金层表面硬度和磨损率的关系

　　激光气体熔化合金化时，合金化的气体被吹入基材的熔池，与之发生直接或间接的化学反应，形成一层性质不同于基材的、由基材的某个组元和气体的某个组元生成的化合物所构成的表面。激光气体合金化主要用于基材与 N、C 和 O 的合金化。基材包括低碳钢、Al 及其合金、Ti 和钛合金等。表 6.2.5 列出了激光气体合金化常用的合金化气体和应用材料对象。合金化气体通常以某种惰性气体作为载体输入，并通过与载体的混合获得适当的浓度，从而控制与基材的合金化过程。

表 6.2.5　激光气体合金化常用的气体与基材

用　途	气　体	基　材
表面渗氮	N_2、N_2+Ar（或空气）	Ti 及 Ti 合金等
表面氧化	O_2+Ar（或空气）	Ti 及 Ti 合金、Al 及 Al 合金

续表

用　　途	气　　体	基　　材
形成碳化物	C_2H_2、CH_4+Ar	低碳钢、Ti 及 Ti 合金等
形成碳、氮化物	N_2+CH_4+Ar	Ti 及 Ti 合金

此领域研究最多的是 Ti 及其合金与 N 的激光渗氮。该反应为

$$Ti+N_2 \Leftrightarrow TiN\text{-}336 \text{ kJ/mol} \tag{6-4}$$

形成的氮化钛(TiN)硬度超过 2000 HV。若合金为 Ti6A14V,所得的氮化钛合金层的厚度为 $50\sim500$ μm。若为金属钛,则氮化钛合金层的厚度可达 1 mm。研究发现,钛的渗氮层深度和显微硬度与激光能量及供氮速度有关。在激光功率密度为 $1\times10^5\sim5\times10^6$ W/cm^2、脉冲宽度为 2×10^{-3}s、氮气压力为 5×10^5 Pa 的条件下,氮化层深度可达 0.15 mm。在给定的激光功率密度条件下,随氮气压力的增加,氮化层的显微硬度增加;图 6.2.10(a)表示 Ti6Al4V 合金在一定激光参数条件下获得的氮化层的硬度分布情况。类似的关系也反映在碳钢的激光气体渗氮中。此外,脉冲激光气体渗氮中的激光多脉冲重复辐照亦可使纯钛的 TiN 层的深度和显微硬度增加。钛合金激光渗氮中可能出现的问题是氧化,形成氧化物 TiO_2。这种方法也可用于钢材等离子预喷钛及其合金的涂层而后进行的激光渗氮。低碳钢可采用分离自纯丙烷或丙烷与中性气体氩、氖、氦的混合物中的碳来实现激光渗碳。这样得到的渗碳层厚度可达几毫米。图 6.2.10(b)所示的为低碳钢表面气体碳化层的硬度分布情况。表面由于生成了约 200 μm 厚的 Fe_3C,故而硬度得到大幅度提高。渗碳用的气体也可用于钛及其合金表面形成碳化钛(TiC)。

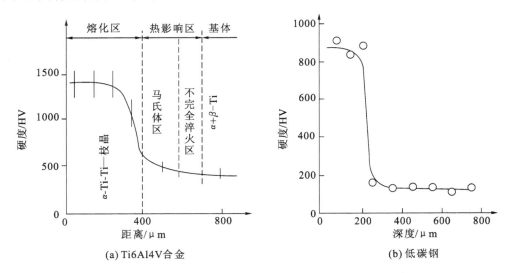

(a) Ti6Al4V合金　　　　(b) 低碳钢

图 6.2.10　钛合金和低碳钢激光表面合金化层的硬度分布

评价与收获

将本任务的评价与收获填入表 6.2.6 中。

表 6.2.6　任务的评价与收获

过 程 评 价					
评价内容	认知态度	多媒体使用情况	团队协作情况	参与程度	任务完成情况
评价等级					
收获与反思					

巩固与练习

1. 简述激光合金化的原理。
2. 激光合金化的方法有哪些?
3. 请举例说明激光合金化的应用。

任务 3　激光熔覆

任务场景

激光熔覆亦称激光包覆或激光熔敷,是一种新的表面改性技术。它通过在基材表面添加熔覆材料,并利用高能密度的激光束使之与基材表面薄层一起熔凝的方法,在基层表面形成与其为冶金结合的添料熔覆层。图 6.3.1 所示的为金属丝被激光熔覆案例之一。

任务要求

了解激光熔覆原理、基本概念及激光熔覆技术的工艺方法、影响因素,理解激光熔覆应用实例。

任务准备

1. 网上检索相关图片和视频,下载并编辑。
2. 多媒体及课件。

图 6.3.1　激光熔覆案例

基本活动

一、相关知识

激光熔覆是一种重要的材料表面改性技术。它是以高能密度的激光为热源并在基材表面熔覆一层熔覆材料,使之与基材实现冶金结合,在基材表面形成与基材具有完全不同成分和性能的合金层的表面改性方法。材料的大面积的熔覆可依单道熔覆的搭接来实现。

激光熔覆的目的是将具有特殊性能的熔覆合金熔化于普通金属材料表面,并保持最小的基材稀释率,使之获得熔覆合金材料自身具备的耐侵蚀、耐腐蚀、耐磨损等性能和基材欠缺的使用性能。

激光熔覆所用的材料基本上出自热喷涂类材料,其中包括自熔性合金材料、碳化物复合材料和陶瓷材料等。自熔性是指含有 B 和 Si 的合金自身具有脱氧和造渣的性能。自熔性合金材料可概括为镍基合金、钴基合金和铁基合金等几大系列,具有优异的耐腐蚀和抗氧化性能。该类合金熔覆时,所含的 B、Si 被氧化,在熔覆层表面分别生成 B_2O_3、SiO_2 薄膜,从而防止合金中的元素被氧化;合金中含量较高的 Cr 元素既增加合金的耐蚀性又提高抗氧化性。为了增加合金的硬度和耐磨性,可加入 WC 构成复合合金。自熔性合金的适用范围很广,可用于各类碳钢、合金钢、不锈钢、铸铁等材料的表面熔覆。

碳化物复合材料多为粉末,因具有高硬度和良好的耐磨性而主要用作硬质耐磨材料。碳化物复合粉末系列是由碳化物硬质相与作为基体相的金属或合金所组成的粉末体系。比较典型的有 (Co、Ni)/WC 和 (NiCr、NiCrAl)/Cr_3C_2 等系列。前者适用于低温工作环境($<560℃$),后者则适用于高温工作环境。这类粉末的基体相可在一定程度上使碳化物免于氧化与分解,从而保证熔覆层的硬化性。碳化物复合材料亦包含 Ni-Cr-Si/WC 等复合粉末系列。

氧化物陶瓷粉末具有优秀的耐高温氧化、隔热、耐磨和耐蚀等性能,是航空航天部件的重要熔覆材料。其主要包括氧化铝、氧化锆系列,并添加适当的氧化钇、氧化铈或氧化镍等。国内外均有成熟的合金粉末系统可供热喷涂或激光加工采用。若需具体了解相关熔覆材料的类型、成分和性能,请参阅合金粉末的有关文献、手册或标准。

二、激光熔覆技术基础

在激光熔覆技术中,除基体与粉末显著影响涂覆层的质量以外,工艺参数对涂覆层的质量也有着显著的影响,如保护气体的种类和流量(影响熔覆层的形貌、深度及界面稀释率)、粉末的流量及送粉的位置、激光器的功率、粉末喷嘴的直径、扫描速度,以及离焦量、预热温度等。因此,有必要从激光与金属的相互作用和过程中的物理化学现象两方面进行讨论。

1. 金属对激光的吸收

金属熔覆是基于光热效应的热加工,且关键是激光能够被加工材料所吸收并转化为热量。当激光从一种介质传播到另外一种介质时,由于折射率的不同,在两者之间的界面上将会出现反射和折射。实践证明,金属对激光的吸收与波长成反比。

激光在材料表面的反射、透射和吸收,本质上是光波的电磁场和材料相互作用的结果,金属中存在大量的自由电子,当激光照射到金属材料表面时,由于光子能量特别小,通常只对金属中的自由电子发生作用,也就是说,能量的吸收是通过金属中的自由电子这个中间体,然后电子将能量传递给晶格来实现的。由于金属中的自由电子数目密度特别大,因此透射光波在金属表面能被吸收。从波长为 $0.25~\mu m$ 的紫外光到波长为 $10.6~\mu m$ 的红外光的测量结果表明:光波在各种金属中的穿透深度为 $10~nm$ 左右,吸收系数约为 $10^5 \sim 10^6~cm^{-1}$。

2. 金属对激光吸收的影响因素

金属对激光的吸收与激光的特性、材料的特性以及表面状态等诸多因素有关。

(1)波长。一般而言,随着波长的缩短,金属对激光的吸收增强。实际加工时,采用的激光器有 YAG 和 CO_2 激光器,其波长分别为 $1.064~\mu m$ 和 $10.6~\mu m$,不同的材料必须选定不同的激光器。大多数金属对波长为 $10.6\ \mu m$ 的 CO_2 激光的吸收率大概只有 10%，而对 $1.064\ \mu m$ 的 YAG 激光的吸收率为 $30\%\sim40\%$。图 6.3.2 所示的是部分金属材料表面反射率与激光波长的关系。当激光波长大于临界波长时，金属表面对激光束的反射率陡然上升，90% 以上的激光能量将被反射，因此进行激光加工时，激光波长应该小于辐照金属的临界波长。

（2）激光的功率密度。激光的功率密度是指单位光斑面积内的功率大小。不同的功率密度的激光作用在材料表面会引起材料的不同变化，从而影响材料对激光的吸收率。当激光密度较低时，金属吸收能量只会引起材料表层温度的升高，随着温度的升高，吸收率将会缓慢增加。激光熔覆过程中，激光器的功率密度是一个很重要的参数，人们都希望能用较大功率的激光器来进行熔覆，但是鉴于条件和成本，一般不易实现。这样一来，对于较小功率的激光器，最大输出功率受到限制，扫描的能量密度就成了影响涂层性能最重要的激光参量。

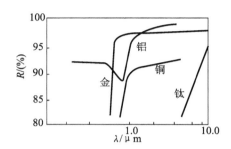

图 6.3.2　部分金属材料表面反射率与激光波长的关系

实际的零件表面金属是以粉末形式存在的，熔化并不总是随着吸收率的提高而提高的，相反，可能导致吸收率的降低。如果激光功率密度达到 $10^6\ W/cm^2$ 数量级的时候，材料表面将在激光束的照射下强烈汽化并形成小孔，金属对激光的吸收率急剧升高，可达 90% 左右。当激光功率密度超过 $10^7\ W/cm^2$ 数量级时，将会出现等离子体屏蔽激光的现象。因此，激光功率的选择对激光熔覆也有关键的作用。通常激光重熔覆层工艺都希望得到如下结果。

① 结合强度高，即要求界面处涂层与基体有良好的冶金结合。

② 重熔层平整、缺陷少，即要求重熔层能充分熔合、脱氧，变得均匀密实。

③ 涂层不被基体稀释或仅有轻微的稀释，以保持涂层材料特有的高强度、高耐磨性，或者要求避免基体和涂层的混合。

此外，能量密度的选择还应考虑涂层的塌陷问题，热喷涂层虽然比松装的合金粉末密度高，但是还有高达 20% 的孔隙度，$0.15\ mm$ 厚的涂层重熔后，厚度正常情况下会缩至 $0.14\ mm$。可见，涂层重熔后有微量的下塌是正常的。但如果所用能量密度过大，由于界面熔材上浮、烧损和飞溅，那么表面层将会严重沉陷入基体中，形成一较深的沟槽。

以上讨论的都是单道扫描的问题，实际使用中碰到的是面的强化，即必须采用多道扫描，多道扫描会遇到能量密度叠加问题，但是无论是搭接扫描还是对接扫描，后一条熔道总比前一条熔深加剧，塌陷也更严重。因此，作为工艺措施，必须对熔覆件采用有效的冷却措施或把扫描的能量密度逐渐调小。

（3）激光的热有效利用率。试验和理论计算都表明：激光热熔覆处理过程中，激光的有效利用率 β 很低，说明在激光熔覆过程中只有很少的热量用来使熔覆材料和基体材料表层熔化。送粉式激光熔覆过程中，在 P、V、d 一定的情况下，随着送粉速率 v_f 的增加，有效利用率 β 增大，但是当达到一定程度时便不能实现熔覆，这是因为在粉粒被激光照射后，除激光直接加热粉粒外，部分光被粉粒漫散射，相当于增大了熔覆粉料的黑度，同时延长了激光与熔覆粉料的作用时间,使热利用率大于激光与整块金属相互作用时的热有效利用率,这个作用导致随着 v_f 的增加 β 也增大。虽然热有效利用率继续增大,但此时热量只能用来加热熔覆粉料,只有少量热量用于加热基体材料,熔覆达不到冶金结合。影响 β 的另一个因素是基体材料熔化吸收的热量,这部分热量随着 v_f 的增加而减少,这是由于基材表面被加热主要是通过吸收熔覆粉料的激光热量来实现的。

(4) 材料的性质。上面讲述的当红外激光与金属相互作用时,自由电子受迫振动会产生反射波,反射波越强,则材料表面的反射率就越高。同时,自由电子的密度越大,意味着这种金属的导电性越好。因此,一般来说,材料导电性的好坏决定了金属对红外激光的吸收率的高低。

(5) 材料表面的状态。实际金属表面的吸收率由两部分组成:金属的光学性质所决定的固有吸收率 A_i 和金属表面光学性质所决定的附加吸收率 A_{ext}。A_{ext} 是由表面粗糙度、各种缺陷和杂质,以及氧化层和其他吸收物质层决定的。随着表面粗糙度、各种缺陷和杂质的增加,吸收率增大。一般来说,普通金属试样表面粗糙度、各种缺陷和杂质引起的附加吸收率能提高 1 倍。在激光器已选定的条件下,为了提高金属表面的吸收率,可采用在金属表面涂覆粉末中添加部分利于激光吸收的成分,如石墨等。激光加工中常采用惰性气体保护被辐照的材料表面,这样可减少最佳涂层厚度和提高激光加工功率。

此外,入射角的偏振以及表层的氧化等都对金属激光的吸收产生影响。

3. 金属工艺参数和稀释率的关系

稀释率是激光熔覆工艺控制的最重要参数之一。稀释率的大小直接影响熔覆层的性能。稀释率过大,则基体对熔覆层的稀释作用大,会损害熔覆层固有的性能,而且会加大熔覆层开裂、变形的倾向;稀释率过小,则熔覆层与基体不能在界面形成良好的冶金结合,熔覆层容易剥落。因此,控制好稀释率是获得良好熔覆层的关键。

(1) 稀释率与熔覆层的关系。激光熔覆过程中,在保证熔覆材料和基体材料达到冶金结合的前提下,希望基体的熔化量越少越好,以保证熔覆层合金原有的性能(高硬度、耐磨性、耐蚀性及抗氧化性)不受损害。大量试验证明:熔覆材料与基体理想的结合可在界面上形成致密的低稀释率和较窄的交互扩散带。因此,控制熔覆层稀释率的大小是获得优良熔覆层的先决条件。

激光熔覆与等离子体喷焊相比,其根本区别是热源不同。前者具有升温快、温度高、作用时间短和热源集中的特点。激光熔覆可使熔层的升温和冷却速度都达到 $10^5 \sim 10^6 \, ℃/s$。激光束可瞬间熔化粉末层,同时使基体表面微熔并与熔层形成牢固的冶金结合。激光束快速加热和冷却熔层时,其热作用时间短,基体熔深小,熔层与基体间的元素互扩散大大降低,熔层稀释率小。等离子喷焊由于功率密度相对要小,热作用时间加长而使熔层与基体间的元素扩散加剧,热影响区加大,熔层的成分污染也加大。由图 6.3.3(a)、(b)可见,激光熔层在速冷后得到更细密的组织,其晶粒度比等离子体喷焊层高 2~4 个数量级。激光熔层较小的稀释率和细密的组织,使设计的熔层元素充分发挥了应有的作用。经测定,激光熔层的显微硬度、抗腐蚀和抗摩擦磨损等性能均优于或大大高于等离子体喷焊层。

要求熔覆层具有规则的几何形貌,较低的稀释率,界面为冶金结合。为保证基体和熔覆材料实现冶金结合,在激光熔覆过程中,客观上要求必须有一定量的基体熔化。由于激光能量分布的不均匀性,激光熔覆熔池中必然存在对流,在对流的作用下,熔化的基体必然会造成熔覆合金的稀释。稀释程度的大小直接影响熔覆层的合金性能。因此,稀释率的控制是获得优良熔覆层的关键。

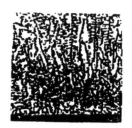 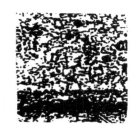

(a) 激光熔覆晶体　　　(b) 等离子喷焊形成的晶体

图 6.3.3　激光熔覆晶体与等离子喷焊晶体的比较

(2) 稀释率及其计算方法。稀释率是指在激光熔覆过程中,由于熔化的基材的混入而引起熔覆合金成分的变化程度,通常用合金在熔覆层所占的百分数来表示。因此,稀释率控制可通过控制熔层横断面内基体熔化面积来实施,而基体熔化面积是由激光能量决定的。

在激光熔覆过程中,为了获得冶金结合的熔覆层,金属基材表面必须形成熔化,因此不可避免地发生熔化基材对熔覆合金的稀释,但是为了保证熔覆合金的高性能,必须尽量减小基材稀释的有害影响,将稀释率控制在适当程度。试验表明,对于不同的基材,熔覆层合金化所能得到的最低稀释率是不相同的,铁基熔覆 Stellite6 合金的最低稀释率大概为 10%,而镍基合金熔覆 Cr_3C_2 时稀释率则为 30% 左右。一般来说,稀释率保持在 10% 以下为适宜。但是只追求低的稀释率也是不行的。因为热影响区的互熔量是决定涂层合金与基体金属结合强度的重要参数,互熔量太低会使结合强度下降。因此在激光熔覆工艺中,既要保证结合区的互熔量,又要采取使熔层稀释率低的有效措施来加大熔层厚度。试验证明,随着熔层厚度的增加,其稀释率迅速下降,但熔层中各种缺陷如气孔、裂纹等产生的概率也随之增加,因此需采取适当的工艺措施以避免之,这方面也有待于更进一步的试验研究。

(3) 影响稀释率的因素。影响稀释率的因素主要包括熔覆材料的特性和工艺参数两方面。其中熔覆材料的特性主要是指熔融合金的润湿性、自熔性和熔点。工艺参数是指激光功率、光斑尺寸、送粉速率和扫描速度等。

为了更好地说明稀释率对熔覆层特性的影响,根据对熔覆的进一步研究,可以用名义稀释率和真实(局部)稀释率来解释,这恰好能反映熔覆层与基体材料在熔覆过程中界面的相互熔合稀释率的概念。名义稀释率反映熔覆层参数和工艺参数之间的相互关系,但不能反映熔覆层与基材界面的相互融合状况,这是因为熔覆层是层状结构。图 6.3.4 所示的为电子探针沿熔覆层横断面扫描对合金元素成分的分析结果,真实稀释率定义为

$$真实稀释率\ \eta = \frac{基体材料熔化量}{基体材料熔化量 + 熔覆层成分过渡区的熔覆材料熔化量}$$

在熔覆层横截面金相照片中可以较明显地看出,熔覆层成分过渡区与成分稳定区的差别,如图 6.3.5 所示。

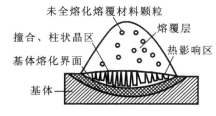

图 6.3.4　熔覆层结构示意图

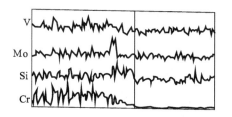

图 6.3.5　熔覆层横断面电子探针扫描
合金元素含量的分析结果

这说明激光熔覆层在熔覆过程中真正被稀释的区域只发生在熔覆层与基体界面附近,真实(局部)稀释率恰好能反映熔覆层与基体材料在熔覆过程中界面的相互熔合情况,它是熔覆层界面状态的有效参数。真实稀释率也可以通过金相试验配合电子探针扫描的成分分析来检测。

前置粉末层的激光熔覆中,熔覆层的稀释率随着激光功率的增大而增大,随着扫描速度的增加而减低,稀释率与激光功率这两个参数的关系如图 6.3.6 和图 6.3.7 所示。

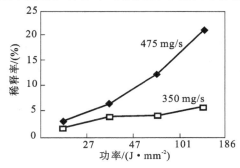

图 6.3.6　激光功率与稀释率的关系

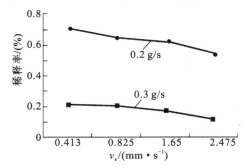

图 6.3.7　扫描速度与稀释率的关系

稀释率与激光功率、扫描速度和光斑尺寸的关系可采用比能量加以概括。图 6.3.8、图 6.3.9 分别表示了碳钢基材熔覆不锈钢和钴基合金粉末时,稀释率与激光输入的比能量之间的关系,由两图可见,在相同的条件下,稀释率随着比能量的增加而增加。这是由于单位面积的激光能量的增加造成了更多的基材熔化的缘故。

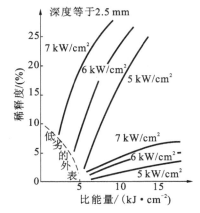

图 6.3.8　碳钢基材熔覆不锈钢稀释率与
激光输入的比能量之间的关系

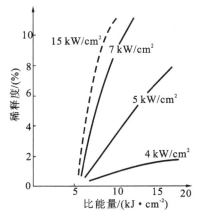

图 6.3.9　碳钢基材熔覆钴基合金稀释率与
激光输入的比能量之间的关系

比能量对稀释率的影响还与预置的粉末层的厚度有关,粉末层越薄,其稀释率随比能量的增加而更快;粉末层越厚,较厚的预置层就相当于一个光陷阱,可吸收大部分激光能量,从而限制基材的熔化量。

在相同的比能量下,不同的功率密度所对应的稀释率并不相同,其稀释率随着功率密度的升高而增大。这主要是与基材的热传导有关,高的功率密度能够使粉末层在比较短的时间内熔化,从而提高了熔覆层的稀释率。

在同步送粉法中,若激光功率密度和光斑尺寸相同,基材的熔化深度和熔覆层的稀释率主要取决于光束的扫描速度和送粉速率。一定面积上单位时间内的粉末积累得越多,则所需的熔化能量也越大,这样基材的熔化层就随之变浅,即送粉速率起到热屏蔽的作用。在相同的激光工艺条件下,随着送粉速率的增加,稀释率则显著下降,因此可以认为送粉速率是决定熔覆层的最为关键的因素。如图6.3.10所示,表明稀释率随着送粉速率的增加而显著减小。弄清真实稀释率与工艺参数之间的相互关系,对研究熔覆的界面结构、熔覆层的性质等有重要意义。

(4)熔覆层稀释率的优化分析。由前述可知:激光熔覆层的稀释率主要取决于熔覆材料的特性和工艺参数两方面。其中熔覆材料的特性主要是指熔融合金的润湿性、自熔性和熔点。工艺参数指激光功率、光斑尺寸、送粉速率、扫描速度等。图6.3.11所示的为熔覆层横截面形貌。试验表明:在球铁基体上,激光熔覆铁基合金稀释率很高,说明在工艺实施过程中,诸多因素如工艺参数之间的相互匹配、基体的种类、表面状态和熔覆材料颗粒的几何形状及在光束中的发散程度等共同作用的结果。

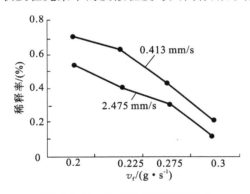

图6.3.10 同步送粉法稀释率与
送粉速率的相互关系

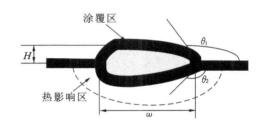

图6.3.11 熔覆层横截面形貌

单位时间和作用时间内熔覆层的质量在激光参数和扫描速度一定的条件下,均随送粉速率的增加而增加;在送粉速率一定的条件下,熔覆层质量随扫描速度的变化规律相反。图6.3.12、图6.3.13分别表示了不同计算单元熔覆层质量随工艺参数的变化而变化的规律。虽然两种稀释率的表达式是一致的,但由于界定了不同的时间范围,包容的熔覆材料、基体材料熔化的数量不同。单位时间和作用时间内两者的变化规律是一致的,质量却相差两倍。因此,以作用时间或单位时间为单位考察工艺参数和熔覆层几何形貌之间的相互关系更直接,更易于理解激光熔覆的过程。采用作用时间稀释率这一计算方法,有助于进一步分析送粉激光熔覆过程中激光热有效利用率、粉末有效利用率及研究界面结合的问题,也有助于今后送粉激光熔覆工艺系统的智能控制。

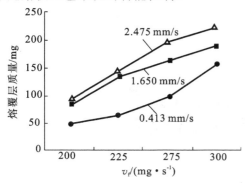

图 6.3.12 单位时间熔覆层质量
与工艺参数的关系

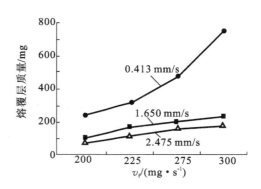

图 6.3.13 作用时间内熔覆层质量与
工艺参数的关系

4. 激光熔覆熔池的对流及其影响

(1) 熔池的对流机制和模型。各种实验研究证明,激光辐照的熔池内存在着对流现象。关于对流的机制有着各种各样的解释,目前大家普遍接受的是表面张力驱动学说。这种学说认为:在激光的辐照下,由于熔池内温度的分布不均匀性造成表面张力大小不等,温度越低的地方表面张力越大,这种表面张力的差驱使液体从低的张力区流向高的张力区,流动的结果使液体表面产生了高度差,在重力的作用下又驱使熔液重新回流,这样就形成了对流。金属熔液的表面张力随温度的升高而降低,所以熔池内的表面张力分布从熔池中心到熔池边缘逐渐增加。

由于表面张力的作用,熔池内上层的溶液被拉向熔池的边缘,从而使熔池产生凹面,并形成高度差 Δh,由此形成重力梯度驱动力,这样就形成了回流;在表面张力和重力作用的相同处相互抵消,称为零点,零点的位置和叠加力的大小强烈影响着对流的强度和对流的方式。叠加力越大,对流就越强;零点位置一般位于熔池的中部,这时对流最为均匀,当它偏上时,会出现上部对流强烈而下部流动性差的情况,反之亦然。此外,熔池横截面内的对流驱动力是变化的,驱动力由熔液表面到零点逐渐变小,直至为零。在零点至熔池的底部,驱动力又从小变大,再从大变小,到液-固界面处驱动力又重新变为零。所以,熔池内横截面各点的对流强度并不一致,甚至还存在某些驱动力为零的对流"死点"。

激光熔池的对流现象对熔覆合金的成分和组织的均匀化有促进作用,但在激光熔覆过程中,过度的稀释且混合不充分,易引起成分和组织偏析,使熔覆层固有的性能下降。激光熔池内对流的形式与激光光束能量分布密切相关,对称的匀强光束形成对称的两个流环,不对称分布光束形成两个不对称流环甚至一个流环。送粉激光熔覆的对流控制着合金元素的分布和熔覆层的几何形状。送粉激光熔覆条件下的对流模型如图 6.3.14 所示。

对于送粉激光熔覆,熔覆材料连续地进入熔池,因此必然不断地对熔池产生冲击作用。由于激光作用能量密度的分布不均匀,激光熔池内表面中心处的温度最高而边缘处的温度最低,沿熔池深度方向的温度是逐渐降低的,导致熔池在横向和沿熔池深度方向产生温度梯度和成分梯度。熔液的表面张力随温度的升高而降低,从而引起表面张力的不均匀。表面张力的分布与温度分布相反,由熔池中心向边缘逐渐增大,进而形成熔池液体对流的基本驱

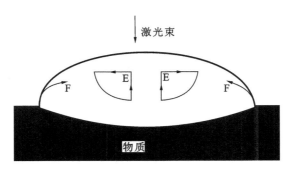

图 6.3.14　激光熔池的对流模型

动力。对于铁合金,其熔池的形状是从中心向外凸起的半圆弧形。对于这种现象,也可以从熔池内存在的对流机制去探讨。目前普遍接受的观点是,熔池中存在两种对流机制,从熔池底部向顶部循环的中心双环对流 E、熔池双侧边缘的对流 F。对流 E 将使合金元素的分布尽可能均匀,但它是促使熔池沿基体表面铺展的驱动力;对流 F 可保证熔池的形状,但它却带来了基体不断熔入熔池,造成合金元素的稀释。通过对熔覆层进行面扫描和线扫描分析,除 Si、Fe 偏聚外,不包括未熔碳化物,其他合金元素的总体分布还是比较均匀的。Si、Fe 是亲和力强的元素,易于在熔液中形成富集区。富集区一旦形成,就会使溶质元素的分布形态发生变化,使熔池局部区域的熔液黏度、密度及表面张力发生相应的改变,从而影响熔池的对流特征。通过对典型的几种元素进行面扫描分析,可以看出基体中的 Mn 进入了熔覆层,尽管其质量分数比较小(大约为 0.2%),但铁的含量增加了 12%。另外,从元素的分布看,Mn 从熔覆层底部向上逐渐减少,而 Cr、Ni 正好相反,表明中心处对流确实是由下向上流。激光熔池内存在的对流对熔覆层组织、合金成分的均匀化有促进作用。但在激光熔覆中过度地稀释且在混合不充分的条件下,易引起组织和成分的偏析,降低熔覆层的性能。因此,在实际工艺中必须统筹设计,选择合适的熔覆材料,基体材料体系、送粉方式、工艺参数之间应相互匹配,才能达到控制稀释率的目的,进而达到成分、组织和性能的设计要求。

(2)影响熔池对流的因素。上述激光熔池的对流模型是以光束能量呈高斯分布或者呈均匀分布为前提的,并没有考虑其他影响因素。实际作用过程中,熔池的对流特征(包括对流形态和对流强度)是由熔液表面张力系数、黏度、密度和熔液温度分布等参数综合作用决定的。

① 溶质元素对熔池的对流特征的影响。一般来说,当所添加的溶质元素增大而使熔液的黏度增大时,熔液对流阻力增加,流动性变差,这样就容易形成对流不均匀;如果添加的元素直接影响熔液表面的张力,也会直接影响熔池的对流特征;有一些添加元素,如 S,会使表面张力温度系数从负变为正,从而使熔液流动完全反向,从熔池边缘流向熔池中心,加上对流传热的作用,这使熔池相对变窄变深。

② 激光光束能量分布对熔池对流特征的影响。按表面张力驱动学理论,熔池的对流方式实质上是围绕高温区域进行的,熔液从高温区域流向低温区域,再由低温区域经熔池底部向上流回高温区。因此,如果能量呈均匀分布或者高斯分布,熔池横截面的温度分布就会沿其中心对称,而对于能量非均匀分布的光束,熔池的对流方式也遵循上述规律,只不过温度分布的不对称,会使得对流的图案发生变化。

③ 激光工艺参数对熔池对流特征的影响。熔池的对流特征主要由光束功率密度以及交互作用时间所决定。熔池的对流循环次数主要取决于交互作用时间;而对流强度主要取决于辐照光束的功率密度。光束功率密度越高,液面高度差越大,熔池流速也越快;交互作用时间越长,熔池对流搅拌的时间也越长。

因此,当辐照光束的功率密度较低时,功率密度和交互时间都对熔池的对流特征产生影响,但功率密度是主要的影响因素;当功率密度足够大时,熔池的对流特征几乎完全被功率密度所影响。

三、激光熔覆的应用

激光熔覆的第一项工业应用是 Rolls Royce 公司于 1981 年对 RB211 涡轮发动机壳体结合部件进行硬面熔覆。其后,众多公司将激光熔覆技术应用于生产中。表 6.3.1 列出了激光熔覆工业的应用实例。此外,20 世纪 80 年代中期的一系列激光熔覆的应用,其熔覆层/基材的组合包括:不锈钢/低碳钢、镍/低碳钢、青铜/低碳钢、StelliteSF6 硬面合金/黄铜、铬/钛、不锈钢/铝、铁硼合金/低碳钢、StelliteSF6 硬面合金/低碳钢、低碳钢/不锈钢等。

表 6.3.1　激光熔覆工业的应用实例

熔覆部件	熔覆合金/粉末或方式
涡轮机叶片/壳体结合部件	钴基合金/送粉熔覆
涡轮机叶片	PWA694、Nimonic/预置粉末
海洋钻井和生产部件	Stellite/Colmonoy 合金和碳化物等
阀体部件	送粉熔覆
阀杆、阀座	铸铁/Cr、C、Co、Ni、Mo 预置粉末
涡轮机叶片	Stellite/Colmonoy 合金预置粉末和重力送粉熔覆

激光硬面熔覆主要应用在两方面,即耐腐蚀(包括耐高温腐蚀)和耐磨损。应用的范例如内燃机的阀和阀座的密封面的激光熔覆,水、气和蒸气分离器的激光熔覆等。

同时提高材料的耐磨损和耐蚀性可以采用 Co 基合金,如 Co-Cr-Mo-Si 系统进行激光熔覆。其基体中的成分,CoMoSi 至 Co_3Mo_2Si 的硬质金属间相的存在是耐磨性能的保证,而 Cr 则提供了耐腐蚀性。应用 Ni-Cr-B-Si 系列熔覆层也会取得类似结果。研究 $CWCO_2$ 激光(功率密度为 $1.3 \times 10^4 W/cm^2$),采用同步送粉技术,在 AISI1020 低碳钢表面进行三种 Ni 基硬化合金粉末(分别为 Ni-Cr-B-Si、Ni-Cr-B-Si＋W 和 Ni-Cr-Si＋WC 系统)的熔覆,并与线材轧辊材料 AISID2 工具钢(62HRc)进行耐磨性比较。块-环滑动磨损试验表明,三种熔覆层的耐磨性能均高于工具钢的。WC 复合粉末、加 W 粉末和 Ni-Cr-B-Si 粉末的耐磨性分别是工具钢的 1.2 倍、1.7 倍和 1.8 倍;对应的主要硬化相分别是 WC 颗粒、混合型碳化物和硼化镍。显微分析发现,WC 颗粒在激光熔覆过程中有部分熔化现象。此外,熔覆层的硬度与稀释率密切相关。对特定的合金粉末,稀释率越低,则硬度越高。获得最高硬度的最佳稀释率范围是 3％～8％。适当调节加工参数可控制稀释率的大小。在激光功率不变的前提下,提高送粉速率或降低加工速度会使稀释率下降。

其他方面的应用还包括提高耐烧灼性的奥氏体不锈钢的熔覆、耐热材料(如 Nimonic 合金)的熔覆等。比较典型的是奥氏体不锈钢应用 WC 或 CoC 的激光表面硬化。

激光表面硬化亦可用于材料表面耐蠕变的熔覆层。这种熔覆层在高温下耐磨料磨损和冲蚀磨损。可用于钢表面熔覆的材料包括钛合金、钴合金、混合物(如 Cr-Ni、Cr-B-Ni、Fr-Cr-Mn-C、C-Cr-Mn、C-CrW、Mo-Cr-CrC-Ni-Si、Mo-Ni、TiC-Al$_2$O$_3$-Al、TiC-Al$_2$O$_3$-B$_4$C-Al 等)、铝合金、钴铬钨(Stellite)合金、耐盐酸镍基合金(Hastelloy)、碳化物(如 WC、TiC、B$_4$C、SiC 等)、氮化物(如 BN)、铬和铝的氧化物等。

钴合金可以用镍合金熔覆,形成耐高温冲蚀的熔覆层。钛合金可以用氮化硼熔覆;Al-Si 合金可以用硅熔覆。铝和铜可以用 91%ZrO$_2$-9%Y$_2$O$_3$ 或 ZrO$_2$-CaO 的混合物进行硬面熔覆。一种常用于激光修复磨损表面的混合物是 Cr-Ni-B-Fe,偶尔还加 C 和 Si。还可以预计,激光釉化的 SiO$_2$ 熔覆层会应用于耐蠕变的合金基体,以工作于 900~1000℃ 强烈氧化、碳化或硫化环境中的加热元件,如 Incoloy800H 合金。

熔覆高硬、耐高温质点与金属基粉末的复合材料会形成其混合组织结构。例如,熔覆 WC+Fe(或 WC+Co、WC+NiCr)复合⇌粉末时,其快速的熔覆过程使 WCFe 的扩散转变不能进行,从而使碳化物保持约 11000 MPa 的硬度。这一硬度与经常规热处理后的含钨工具钢中的碳化钨所能取得的最大硬度相同。

工具钢,特别是用作加工工具的钢,应具有耐磨料磨损的性能,这可用钴铬钨合金进行激光熔覆。用于制造汽轮机叶片耐蠕变的 Nimonic8A 合金(含>70%Ni、20%Cr 及添加适当的 Al、Co)经激光熔覆钴铬钨合金后,其耐磨料磨损的性能几乎提高了 100 倍。值得注意的是,激光熔覆钴铬钨合金比堆焊(如 TIG 等弧焊方法)钴铬钨合金效果好,可获得高硬度和细化的组织。奥氏体不锈钢(如 321 级)经激光熔覆 Cr$_2$O$_3$ 氧化后,其耐蠕变性能提高了 1 倍。

在汽车工业中,应用激光熔覆阀座和凸缘已有时日。铝合金零件表面熔覆一层特殊耐磨合金也已应用于工业中。现代汽车工业已经大量采用铝质发动机。然而,合金的耐磨性能难以满足要求。对于要求表面耐磨的零件,可以用激光熔覆技术在零件表面熔覆一层耐磨合金层。研究表明,采用大功率 CO$_2$ 激光同步送粉熔覆技术在铸造铝合金(Veral225)基体上熔覆过共晶铝硅合金,熔覆层平均硬度为 160 HV,较基体硬度提高了 1 倍。而采用 AlSiCuNi 合金粉末激光熔覆,熔覆层平均硬度可达 320 HV,较过共晶铝硅合金熔覆层的硬度提高 1 倍。

近年来,镁合金激光熔覆的研究呈上升趋势。为了提高轻金属镁合金的耐磨损和耐腐蚀性能,对镁合金进行了多种材料的激光熔覆。例如,在 ZM51/SiC 复合镁合金表面熔覆 Al-Cu 合金以提高耐腐蚀性能;在 AS21 镁合金表面熔覆铝硅(40wt%)和碳化物(60wt%)混合粉末以提高耐磨损性能。下面以 ZK60/SiC 复合镁合金表面熔覆不锈钢为例,说明该工艺的特点。研究所用基材为 17%(体积分数)SiC 颗粒强化的 ZK60(Mg-6Zn-0.5Zrwt%)复合镁合金。熔覆材料不锈钢(Fe-23Cr-7.5Ni-0.8Cwt%)和过渡材料黄铜与纯铜经粉末冶金制成粉末(150~350 目),先经过热喷涂的方法预置于复合镁合金表面,而后用 CWNd:YAG 激光重熔。加过渡层的目的是克服不锈钢和基材熔点的巨大差异(基材 515℃、黄铜 860℃、纯铜 1080℃、不锈钢 1450℃)。涂层的总厚度为 1.15 mm,其中黄铜、纯铜和不锈钢涂层的各自厚度为 0.25 mm、0.15 mm 和 0.75 mm。激光重溶过程中用氩气保护,以防止涂层和基材的过渡氧化。激光功率为 $500 \sim 1500$ W,扫描速度为 $5 \sim 12$ mm/s,光束直径为 2.0 mm,搭接重叠率为 30%。无过渡层时,不锈钢覆盖层和基材之间未形成冶金结合,而且接面处的基材严重氧化。加过渡层后各层之间达到冶金结合。3.5% NaCl 熔液阳极极化试验显示激光熔覆试件的腐蚀电势(E_{corr})比供货态和热喷涂的复合镁合金的分别高 1090 mV 和 820 mV,而腐蚀电流(I_{corr})比两者分别降低 4 个和 2 个数量级。耐腐蚀性能大为提高。

对比激光表面改性的效果,激光熔覆硬化层的厚度比激光合金化的大,可达几毫米。激光束以 $10 \sim 300$ Hz 的频率相对于试件移动方向进行横向扫描,所得的单道熔覆宽度可达 10 mm。熔覆速度可从几毫米每秒到大于 100 mm/s。激光熔覆层的质量,如致密度,与基材的结合强度和硬度,均好于热喷涂层(包括等离子喷涂)的。按熔覆层的类别,激光硬面熔覆对结构钢而言可能会使疲劳强度有所下降。熔覆材料越耐高温,疲劳强度下降就越大。

在激光硬面熔覆中,表面粗糙度比激光表面合金化的大。通常,表面粗糙度随熔覆材料熔点的提高而增加。为此,熔覆常采用混合物,即粉末混合物,其含有高熔点与低熔点粉末(如 $TiC + Al_2O_3 + Al + B_4C$)。当然,这对熔覆层硬度有负面影响。

除了传统意义上的材料表面改性及修复受损零件等应用外,激光熔覆还可以用于快速制造金属原型零部件。三维激光加工系统配备合适的送粉装置,就可进行激光快速成形加工。而且,专用的激光快速成型加工系统业已商业化,并应用于相关科研应用领域,如 LENS(1aser engineered net shaping)等。

四、激光熔覆工艺

(一)激光熔覆工艺方法

在激光熔覆以前,基材通常要进行表面预处理以去除熔覆部位的油污与锈蚀。二者是预置层或熔覆层产生裂纹、剥落等缺陷的重要原因。除油可采用低温加热($260 \sim 420$ ℃)或溶剂清洗的方法。常用的溶剂有三氯乙烯、全氯乙烯、乳化液或碱溶液等。喷砂处理可以除锈并使基材毛化,增加激光的能量吸收。

激光熔覆按合金供给方式可以分为两种,即合金预置式与合金同步供给式激光熔覆,如图 6.3.15 所示。

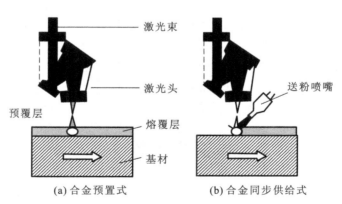

(a) 合金预置式   (b) 合金同步供给式

图 6.3.15 激光熔覆原理示意图

1. 工艺方法分类

根据合金供应方式的不同,激光熔覆方法可以分为两种:合金同步法和合金前置法,如图 6.3.16 所示。

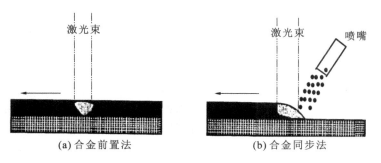

(a) 合金前置法　　　　　　　(b) 合金同步法

图 6.3.16　激光熔覆工艺方法

合金同步法(一步法)采用专门的送料系统在激光熔覆的过程中将合金材料直接送进激光作用区,在激光的作用下基材和合金材料同时熔化,然后冷却结晶形成合金熔覆层,这种方法的优点是工艺过程简单,合金材料利用率高,可控性好,甚至可以直接成形复杂三维形状的部件,容易实现自动化,国内外实际生产中采用较多,是熔覆技术的首选方法。合金同步法按材料的供给不同,分为同步送粉法、同步丝材法和同步板材法等。

合金前置法(预置法)将待熔覆的合金材料以一定方法预先覆盖在材料表面,然后采用激光束在合金覆盖层表面扫描,使整个合金覆盖层及一部分基材熔化,激光束离开后熔化的金属快速凝固在基材表面形成冶金结合的合金熔覆层。其方式有以下两种。

(1)前置涂覆层方式。通常用手工涂覆,方便经济,它是用黏结剂将涂覆用的粉末调成糊状放置于工件表面,干燥后再进行熔覆处理的。

(2)前置涂覆片方式。将熔覆材料的粉末加进少量黏结剂模压成片,放置于工件表面进行熔覆处理。对于丝类合金材料,可以采用专门的热喷涂设备进行喷涂沉积,也可以采用黏结法预置,而板类合金材料主要采用黏结法或者将合金材料和基材预先压在一起。

合金同步法的激光熔覆工艺流程为:基材熔覆表面热处理—送料激光熔化—后热处理。

合金前置法的激光熔覆工艺流程为:基材熔覆表面预处理—预置熔覆材料—预热—激光熔化—后热处理。

2. 基材熔覆表面预处理

表面预处理的目的是除掉基材熔覆部位的污垢和锈蚀,使得其表面状态满足后续的前置熔覆材料或者同步供料熔覆的要求。它主要包括喷涂表面的表面预处理和非喷涂表面的预处理。

(1)喷涂表面的预处理。基材表面常用火焰喷涂或者等离子喷涂,因此需要进行去油和喷砂处理。

去油一般用加热法,即基材表面加热到 $300\sim450$ ℃去油;也可用清洗剂去油,常用的清洗剂包括碱液、三氯乙烯、二氯乙烯等。

喷砂的作用是除掉基材表面的锈蚀,并使其毛化,从而有利于喷涂粉末的附着。经过表面预处理的零件,不宜长久放置于空气中,以防再次污染。

(2)非喷涂表面的预处理。在采用黏结法预置熔覆材料或同步法时,其表面也必须进行去油和除锈处理,但对毛化的要求没有喷涂表面那样要求严格。

3. 预热和后热处理

1)预热

预热是指将基材整体或者表面加热到一定的温度,从而使激光熔覆在热的基材上进行的一种处理工艺,其作用就是防止基材的热影响区发生马氏体相变而导致熔覆层产生裂纹,因此,适当减少基材与熔覆层之间的温差来减低熔覆层冷缩产生的应力,增加熔覆层液相滞留时间以利于熔覆层内的气泡和造渣物质的排除。实际生产过程中常采用预热的方法消除或减少熔覆层的裂纹,特别是对易于开裂的基材必须预热,在熔覆层裂纹倾向较小的情况下,有时也采用预热来减小熔覆应力和提高熔覆质量。

预热的方法主要有火焰枪加热、感应加热和火炉内加热等,其中前两种加热常用于基材表层一定范围内的预热,并可实现预热和激光熔覆同步进行。

由于预热降低了表面的冷却速度,因此可能引起激光熔覆合金层的硬度下降,但是对于一些合金(Ni 合金等),则可以通过后续热处理恢复其硬度。

2)后热处理

激光熔覆后的后热处理是一种保温处理,可以消除和减少熔覆层的残余应力;消除或减少熔覆产生的有害的热影响,可以防止冷淬火的热影响区发生马氏体相变。

后热处理通常采用火炉内加热保温,经过充分的保温后,随火炉冷却或降到某一温度而出炉空气冷却,其加热温度、保温时间和冷却方式都要视后热处理的目的、基材和熔覆层的特性而定。

4. 激光熔覆工艺过程和微观组织特征

1)激光熔覆工艺过程

激光熔覆过程中,为了获得成分与熔覆材料相近的高合金层,必须尽量避免基材熔化所引起的稀释作用,因此,在选择激光功率密度和激光束对基材表面的作用时间等工艺参数时,必须尽可能地限制基材的熔化,在基材表面生成包覆层。激光熔覆是一个复杂的物理、化学和冶金过程,也是一种对裂纹特别敏感的工艺过程,其裂纹现象和行为牵涉激光熔覆的每一个因素,包括基材、合金粉末、前置方式、预涂厚度、送粉速率、激光功率、扫描速度、光斑尺寸等多种因素各自和相互间的影响。实践证明:合理选材及与最佳工艺参数配合是保证熔覆层质量的重要因素。

在同步送粉的激光熔覆过程中,为了保证熔覆质量,首先应该保证激光光斑内的光功率密度分布均匀,且使粉末流的形状和尺寸与光斑的形状和尺寸相匹配。其次,必须严格控制粉末流、基材与激光束三者之间的相对位置。最后,要正确选择激光功率、扫描速度、光斑面积和送粉量。

在激光熔覆工艺中,还有单道、多道、单层、多层等多种形式。单道和单层工艺是最基本的工艺,多道和多层熔覆过程则会出现对前一过程的回火软化和裂纹等问题。通过多道搭界和多层叠加,可以实现宽度和厚度增加等效果。

2) 激光熔覆层的微观组织特征

(1) 工艺参数对熔覆层尺寸和组织的影响。在常规功率密度($10^3 \sim 10^8$ W/cm^2)进行激光熔覆时,可以在 $0.1 \sim 1$ s 的时间内完成整个熔覆过程,如此高的加热和冷却速度使得熔覆层的组织有许多特点。一般来说,激光熔覆层的组织结构分为三个区域:熔化区、过渡区和热影响区,在不同的合金成分以及工艺条件下,其实际形态有一些差别。

在其他参数不变的情况下,随送粉速度的增加,熔覆层金相组织发生变化,如图 6.3.17 所示。从图中可以看出,随送粉速度的增加,透光率下降,基体吸收透光线能量减小,使熔覆材料加热程度降低,冷却速度加快,熔覆层组织趋于细化。熔覆层组织和尺寸与各工艺参数的关系如下。

① 在扫描速度一定的情况下,随送粉速度的增加,熔覆层厚度增加,熔覆层宽度变化不大,熔化基体深度减小。

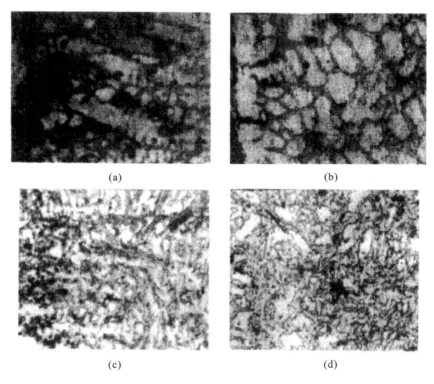

(a)　　　　　　　　　　　(b)

(c)　　　　　　　　　　　(d)

图 6.3.17　不同工艺参数条件下的熔覆层组织

② 在送粉速度一定的情况下,随扫描速度的增加,熔覆层厚度、宽度减小,熔化基体的深度减小。

③ 在扫描速度一定的情况下,随送粉速度的增加,透光率下降,熔覆材料加热程度下降,导致熔覆层组织趋于细化。

④ 在送粉速度一定的情况下,随扫描速度的增加,熔覆层组织趋于细化。

(2) 工艺参数对熔覆层硬度的影响。为了考察不同工艺参数对熔覆层性能的影响,熔覆层横截面从表面到基体进行硬度梯度的测试结果如表 6.3.2 所示。

表 6.3.2　不同规范参数下基体和熔覆层硬度梯度

距离熔覆层表面距离 h/mm	各试样硬度值/HV							
	1	2	3	4	5	6	7	8
0.4	638	630	626	621	465	621	654	698
0.8	630	624	618	614	460	614	650	685
1.2	614	601	594	589	438	589	554	569
1.6	462	456	450	464	318	464	504	498
2.0	250	245	240	234	250	234	240	238
2.4	238	232	225	221	218	221	225	228
2.8	230	226	220	214	210	214	220	224
3.2	214	213	210	205	204	205	210	215

　　激光熔覆层与基体之间实现的冶金结合,也就是两种材料通过原子或者分子结合和相互扩散形成结合。热影响区内的组织由界面附近的马氏体组织逐步到内部的原始组织,正常工艺条件下,过渡区内不会出现热淬火组织,否则会影响熔覆层的结合强度。

(二)影响因素

　　众多的研究结果表明,激光熔覆焊道的截面有三种基本形式,如图 6.3.18 所示。在高送粉速率或低熔覆速率下会得到图 6.3.18(a)所示的截面焊道。在低送粉速率或高功率密度下会得到图 6.3.18(b)所示的焊道。图 6.3.18(c)所示的焊道接触角大,稀释率低,是期望的焊道形状。图 6.3.18(c)所示的焊道的多道搭接的熔覆层具有良好的表面,极少或无气孔,无稀释率。而图 6.3.18(a)所示的截面焊道搭接的熔覆层表面成形不好,厚度大,无稀释率,气孔多。图 6.3.18(b)所示的焊道搭接的熔覆层有良好的表面,无气孔,稀释率大,熔覆层厚度一般比图 6.3.18(c)所示的低。

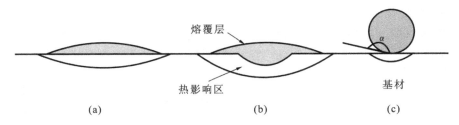

图 6.3.18　激光熔覆焊道截面的基本形式

　　对于预置粉末层的激光熔覆,熔覆层的稀释率随激光功率的增加而增加,随激光扫描速度和光斑尺寸的增加而降低。这三个因素可概括为激光比能量(即功率密度×激光作用时间,J/mm^2)的作用。在给定预置粉末层厚度和功率密度的条件下,稀释率随比能量的增加而增加,这是由于单位面积输入的激光能量的增加导致更多基材熔化。此外,预置粉末层越薄,稀释率随比能量的增加而增大。对于同步送粉的激光熔覆,对应于某一激光功率,增加送粉率和降低扫描速度而使稀释率下降。在给定送粉率的情况下,增加激光比能量亦使稀释率增加。从另一方面来看,熔覆的稀释率是由粉末束流的流量($g/(s \cdot mm^2)$)决定的。最佳的粉末流量能保证最小稀释率和最大熔覆率。熔覆稀释率取决于功率密度（W/mm²）和激光束的模式，但不决定于熔覆速率。对于低的粉末流量，稀释率增加，粉末熔覆率下降。对于高的粉末流量，结果正好相反。研究发现，最佳的粉末流量正比于 $P/D \times n$，其中 P 为激光功率，D 为光束直径，n 为与功率密度分布有关的光束形状系数。例如，在 1800 W 的激光功率、5 mm 的光束直径和环型能态分布 $TEM_{01}*$ 的条件下，最佳的不锈钢粉末（100 目）流量为 10 mg/s。对于高斯光束，因其功率密度集中，粉末流量还要增加 10%。研究表明，粉末的直径从 77 μm 减小到 58 μm，熔覆速率应增加 10%。

为了减少粉末从熔池排出和反弹，粉末的送进速度应减慢（如 1.4 m/s）。因为有效送粉传输的气体流量有下限（2.8 m/s），所以粉末的送进速度也有下限。但是，若一部分气体在接近送粉管出口时通过一定数量细孔泄出，则粉末的送进速度可进一步减慢。

送粉角度的主要作用是调整输入熔池的粉末量。由于熔覆粉末的扩散，送粉管出口至熔池的距离也有类似效果。送粉束流相对于激光的位置要固定，以保证整个熔池在粉末的覆盖范围。一般而言，只有 10% 左右的激光能量为粉末尘雾所吸收，这已通过理论计算和实验证实。在操作中，送粉角度一般为 45°～38°（自水平方位），送粉管出口至熔池的距离为 10～12 mm。

激光束的参数对熔覆至关重要。功率、光束直径和模式为激光束的参数范畴。光的偏振对激光切割的影响已为人们所了解，即在切割前沿的某个方位存在光的选择性吸收。当熔池运动前沿倾斜某个角度或进行搭接时，类似的情形也在激光熔覆中出现。但是，这种偏振影响不如激光切割那么明显。激光束的空间能量强度分布是不均匀的，根据光束的模式，其分布可能很复杂。气体激光中常见的两种能量分布模式为高斯和环形，分别表述为 TEM_{00} 和 $TEM_{01}*$。

高斯光束特别适用于切割和焊接应用。环形模式的光束因其均匀的加热效果而适用于表面处理。在激光熔覆中，这一效应可用来限制稀释率和获得所需的焊道轮廓，光束的对称性亦很重要。

采用激光作为加热源的一个固有优点是，可对小的区域进行局部加热。但是，这种局部加热会引起快速自然淬火和陡的温度梯度。在熔化冷却过程中，这类效应常会引起凝固裂纹。在试验中采用低能量密度，即 5 mm 的大直径光束，和较慢的熔覆速率，一般可获得无裂纹的熔覆层。其他诸多因素亦会对此有影响。

激光硬面熔覆中产生的组织细化、高硬碳化物相的适量熔解和过饱合固溶体的形成对基材的使用性能有明显改进。首先，耐磨性能大为提高。其次，获得的熔覆层和基材的冶金结合强度很高，与两种材料中较弱材料的抗拉强度相当。此外，耐高温性能也有显著提高。激光硬面熔覆存在的问题是裂纹。预热基材 300～400 ℃ 和合理选择熔覆材料成分，可以有效防止裂纹产生。

▶ 评价与收获

将本任务的评价与收获填入表 6.3.3 中。

表 6.3.3　任务的评价与收获

过 程 评 价				
评价内容	认知态度	多媒体使用情况	团队协作情况	参与程度	任务完成情况
评价等级					
收获与反思					

巩固与练习

1. 简述金属对激光吸收的影响因素。
2. 激光重熔覆层工艺希望得到什么样的结果？
3. 简述影响熔池对流的因素。
4. 激光熔覆的应用有哪些？请列举一两个例子说明。
5. 根据合金供应方式的不同，激光熔覆可以分为哪两种？
6. 简述熔覆层组织和尺寸与各工艺参数的关系。
7. 影响激光熔覆的因素有哪些？

任务 4　激光快速成形技术

任务场景

为了能对市场变化做出敏感响应，国外于 20 世纪 80 年代末开发了一种全新的制造技术，即所谓快速成型技术（rapid prototyping，RP）。与传统的制造方法不同，这种高新制造技术采用逐渐增加材料的方法（如凝固、胶接、焊接、激光烧结、聚合或其他化学反应）来形成所需的零件形状，故也称为增材制造法（material increase manufacturing，MIM）。图 6.4.1 所示的是用增材制造法制造的摩托车模型。

图 6.4.1　激光快速成型技术案例

任务要求

了解激光快速成型技术的原理及主要优点,知道激光快速成型技术,了解激光快速成型技术的重要应用。

任务准备

1. 网上检索相关图片和视频,下载并编辑。
2. 多媒体及课件。

基本活动

快速成型技术综合了计算机、物理、化学、材料等多学科领域的先进成果,解决了传统加工方法中的许多难题。不同于传统机械加工的材料去除法和变形成型法,快速成型技术可一次成型复杂零件或模具,无需专用装备和相应工装,堪称为制造领域人类思维的一次飞跃。快速成型技术在航天、机械电子及医疗卫生等领域有着广阔的应用前景,受到了广泛的重视并迅速成为制造领域的研究热点,已经成为先进制造技术的重要组成部分。该技术在20世纪90年代后期得到了迅速发展,在机械制造的历史上,它与20世纪60年代的数控技术、20世纪80年代的非传统加工技术具有同等重要地位。

一、激光快速成型技术的原理及主要优点

快速成型技术的基本工作原理是离散、堆积。首先,将零件的物理模型通过CAD造型或三维数字化仪转化为计算机,电子模型;然后将CAD模型转化为STL(stereolithography)格式,用分层软件将计算机三维实体模型在z向离散,形成一系列具有一定厚度的薄片,用计算机控制下的激光束(或其他能量流)有选择地固化或黏结某一区域,从而形成构成零件实体的一个层面。这样逐渐堆积形成一个原型(三维实体),必要时再通过一些后处理(如深度固化、修磨)工序,使其达到功能件的要求。近期发展的快速成型技术主要有:立体光造型(stereo lithography apparatus,SLA)、选择性激光烧结(selective laser sintering,SLS)、薄片叠层制造(laminated object manufacturing,LOM)、熔化沉积造型(fused deposition modeling,FDM)、三维印刷及材料去除成型技术。本书选择与激光加工有关的几项技术加以介绍。

由于快速成型技术(包括激光快速成型技术)仅在需要增加材料的地方加上材料,所以从设计到制造自动化,从知识获取到计算机处理,从计划到接口、通信等方面来看,非常适合于CIM、CAD及CAM,同传统的制造方法相比较,展示出如下诸多优点。

1. 快速性

快速性是指有了产品的三维表面或体模型的设计就可以制造原型。从CAD设计到完成原型制作,只需数小时到几十个小时的时间,比传统方法快得多。

2. 适合成型复杂零件

采用激光快速成型技术制作零件时,不论零件多复杂,都由计算机分解为二维数据再进

行成型,无简单与复杂之分,因此它特别适合形状复杂、传统方法难以制造甚至无法制造的零件。

3. 高度柔性

无需传统加工的工夹量具及多种设备,零件在一台设备上即可快速成型出具有一定精度、满足一定功能的原型及零件。若要修改零件,只需修改 CAD 模型即可,特别适合单件、小批量生产。

4. 高度集成化

激光快速成型技术将 CAD 数据转化成 STL(快速成型技术标准接口)格式后,即可开始快速成型制作过程。CAD 到 STL 文件的转换是在 CAD 软件中自动完成的。快速成型过程是二维操作,可以实现高度自动化和程序化,即用简单重复的二维操作成型复杂的三维零件,无需特殊的工具及人工干预。

二、激光快速成型技术

目前,采用激光能量作为材料结合能的方法相当普遍。国内外在近 10 年来已经开发了十余种激光快速成型技术。下面重点介绍几种激光快速成型技术的原理、特点及其应用。

1. 立体光造型技术

立体光造型技术又称光固化快速成型技术,是一种最早商品化、市场占有率最高的快速成型技术。现在,这种机器已是一种流行的产品,日本、德国、比利时等都投入了大量的人力、物力研究该技术,并不断有产品问世。我国西安交通大学也成功研制了立体光造型机 LPS600A,并且在该机器上制造出了零件。

立体光造型技术的原理示意图如图 6.4.2 所示,它是典型的逐层制造法。它以液态光聚合物光敏树脂(聚丙烯酸酯、聚环氧基等)为原料。紫外激光在计算机控制下按零件的各分层截面信息,在光敏树脂表面逐点扫描,被扫描区域的树脂薄层(约零点几毫米)产生光聚合反应而固化,形成零件的一个薄层。一层固化完毕后,工作台下移一个层厚的距离,以便在原先固化好的树脂表面再敷上一层新的液态树脂,然后进行下一层的扫描加工。新固化的一层牢固地黏在前一层上,如此

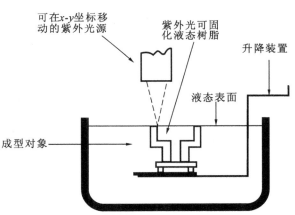

图 6.4.2　立体光造型技术的原理示意图

反复,直到整个原型制造完毕。由于光聚合反应是基于光的作用而不是基于热的作用,故在工作时只需功率较低的激光源。此外,因为没有热扩散,加上链式反应能够很好地受到控制,能保证聚合反应不发生在激光点之外,因而加工精度高(± 0.1 mm),表面质量高,原材料的利用率高(接近 100%),制作效率高,能够制造形状复杂(如空心零件和模具)、特别精细(如首饰、工艺品等)的零件。对于尺寸较大的零件,则可以采用先分块成型然后黏结的方法制作。

2. 选择性激光烧结技术

选择性激光烧结技术与立体光造型技术很相似,也是用激光束扫描各原材料,用粉末物质代替液态光聚合物。选择性激光烧结技术的基本原理如图 6.4.3 所示。CO_2 激光束在计算机控制下,以一定的扫描速度和能量在选定的扫描轨迹上作用于粉末材料(尼龙、塑料、金属、陶瓷的包衣粉末或粉末的混合物),有选择地熔化粉末,使粉末黏结固化而形成一个层面。未被烧结的粉末作为支撑材料,然后由电动机驱动,使粉末固结面下降一定的高度,铺上一定厚度的新粉末后重复以上工序,直到形成整个零件。选择性激光烧结技术具有原材料选择广泛、无需特殊支撑、多余材料易于清理、应用范围广等特点,适合多种材料、多种用途原型及功能零件的制造。

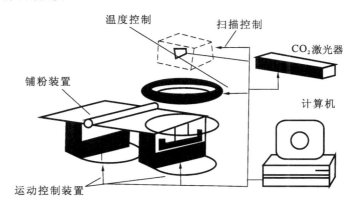

图 6.4.3 选择性激光烧结技术基本原理示意图

在激光烧结快速成型过程中,激光的特性参数(光斑尺寸、波长、功率密度)及扫描速度、扫描间隔是非常重要的参数。这些参数连同粉末的特性和烧结气氛,是激光烧结成型的关键因素。烧结原型的强度是孔隙率、黏结剂含量的函数,还受激光扫描路径的影响。

选择性激光烧结技术产生于美国得克萨斯州立大学,目前已由美国 DTM 公司商品化。该公司研制出的第三代产品 SLS2000 系列能烧结蜡、聚碳酸酯、尼龙、金属等各种材料。用该系统制造的钢铜合金注塑模,可注塑 5 万件工件。选择性激光烧结最适合航天航空工业。因为对航空航天制造业来说,零件的复杂性、材料的多样性,以及难加工均决定了它必须采用当今世界最先进的制造技术。

3. 激光熔覆成型技术

激光熔覆(laser cladding)技术在任务 3 中已经做过详细介绍。激光熔覆成型(laser cladding forming,LCF)技术,是近年来在激光熔覆的基础上研制成功的一种新的快速成型技术。它的热加工原理与激光熔覆的相同,而成型原理和其他的快速成型技术相同。用计算机生成待制作零件的 CAD 模型,对该 CAD 模型进行切片处理,并且生成每一层的扫描轨迹,通过数控工作台的运动实现激光熔覆。被熔覆的粉末通过送粉装置用气体输送,逐层叠加熔覆粉末,最终成型出所需形状的零件。与其他快速成型技术的区别在于,它能够成型出非常致密的金属零件,零件的强度达到甚至超过常规铸造或锻造方法生产的零件,因而具有良好的应用前景。激光熔覆成型技术原理如图 6.4.4 所示。目前用此法制造出的复杂截面变换器的零件外形的误差在 0.5 mm 以内,如图 6.4.5 所示。

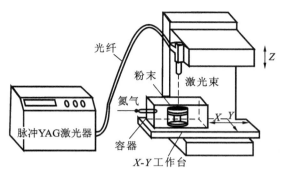

(a) CAD图形　　　　(b) 实物

图 6.4.4　激光熔覆成型技术原理示意图　　图 6.4.5　激光熔覆的复杂截面变换器

由于激光熔覆成型技术刚刚开始研究,所以还有一些问题有待解决,主要是下列因素对成型零件精度的影响:计算机的切片厚度和切片方式;激光器输出功率密度、光斑大小及光强分布;数控工作台的扫描速度、扫描间隔及其扫描方式;送粉装置送粉量的大小及粉末颗粒的大小;熔覆过程形成的应力。

4. 激光近形制造技术

激光近形制造(laser engineering net shaping,LENS)技术,将快速成型技术中的选择性激光烧结技术和激光熔覆成型技术结合了起来。选择性激光烧结技术中所用的金属粉末,目前流行的有三种形式:单一金属、金属加低熔点金属黏结剂及金属加有机黏结剂。不管使用哪种形式的粉末,激光烧结后的金属零件的密度都比较低(一般只能达到50%的密度)。实际获得的只是一种多孔隙金属零件,其强度较低。欲提高零件强度,必须通过后处理工序,如浸渗树脂、低熔点金属或进行热等静压处理。但这些后处理工序会改变金属零件的性能和精度,同时失去快速激光成型技术的特点。在激光熔覆成型技术中,金属粉末通过送粉装置送入激光辐射形成的熔池中,激光将金属粉末加热熔化并与基体形成冶金结合。因此,激光熔覆形成的金属零件非常致密,性能优良。而激光近形制造技术既保持了选择性激光烧结技术成型零件的优点,又克服了其成型零件密度低、性能差的缺点。

激光近形制造技术的基本原理如图 6.4.6 所示。该系统主要由四部分组成:计算机、高功率激光器、多坐标数控工作台和送粉装置。

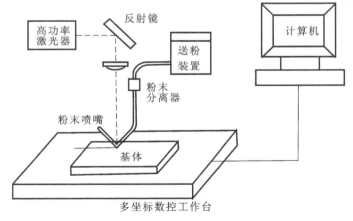

图 6.4.6　激光近形制造技术基本原理示意图

1）计算机

激光近形制造技术中,计算机的作用同选择性激光烧结技术相似,用于建立待制作零件的 CAD 模型,将零件的 CAD 模型转换成 STL 文件,对零件的 CAD 模型进行切片处理,生成一系列具有一定厚度的薄层,并形成每一层薄层的扫描轨迹,以便控制多坐标数控工作台运动。

2）高功率激光器

激光近形制造技术使用的是高达几千瓦到十几千瓦功率的 CO_2 激光器,而不像选择性激光烧结技术中所用的 CO_2 激光器只有 50 W 的功率。这是因为:在选择性激光烧结技术中,烧结金属粉末时,往往采用在金属粉末中添加黏结剂的方法,黏结剂的熔点一般很低,激光只是将黏结剂熔化,熔化的黏结剂将金属粉末黏结在一起形成金属零件;而在激光近形成型制造技术中,激光直接熔化不添加黏结剂的金属粉末,所以要求有较高的激光功率,同时也有利于提高金属零件的制作速度。

3）多坐标数控工作台

选择性激光烧结技术,采用扫描镜实现扫描;而激光近形制造技术,则采用多坐标数控工作台的运动实现扫描,在工作台上的零件除能够沿着 x、y 轴方向运动外,还可以绕 x、y 轴转动,这样便于制作具有悬臂结构的零件。

4）送粉装置

送粉装置是激光近形成型制造系统中非常重要的部分,送粉装置性能的好坏决定了零件的制作质量。对送粉装置的基本要求是,能够提供均匀稳定的粉末流。送粉装置有两种形式:侧向送粉装置和同轴送粉装置。

受激光熔覆的影响,激光近形制造系统有的采用侧向送粉装置。这样的送粉装置用于激光近形制造有许多缺点。首先,送粉位置与激光中心很难对准。这种对位是很重要的,少量的偏差将会导致粉末利用率下降和熔覆质量的恶化。采用侧向送粉装置,起不到粉末预热和预熔化的作用,因此,熔覆的轨迹比较粗糙,涂覆厚度和宽度也不均匀。其次,侧向送粉装置只适合线性熔覆轨迹的场合,如只沿着 x 方向或 y 方向运动,不适合复杂的轨迹运动。

同轴送粉装置由三部分组成:闭环送粉器、粉末过滤器和粉末喷嘴。闭环送粉器配有粉末流反馈系统,可提供稳定、连续和精确的粉末流速。粉末过滤器将粉末分成四股细流,通过四个管子到达粉末喷嘴的中间喷嘴和外部喷嘴之间的环形通道中。粉末喷嘴由内部喷嘴、中间喷嘴、外部喷嘴和冷却水套组成。激光束通过内部喷嘴,聚集在其顶端。内部喷嘴通有保护气体,它能够防止激光熔覆时熔融粉末的飞溅和其他有害气体对激光聚焦透镜的损害,也能保护熔覆涂层不被氧化。

四股粉末细流在环形通道上相遇并汇聚成锥形粉末流,其中心与激光束同轴。这个锥形粉末流与激光束在工作表面相互作用形成熔覆轨迹。

在激光熔覆中,发射的激光和飞溅的熔融粉末和其他气体会使得喷嘴的底部加热到相当高的温度,因此,为了防止喷嘴过热,采用了循环水冷系统。

同轴送粉装置能够提供高度稳定、连续和精确的粉末流速,将粉流精确地传送到基体表面的熔池中,形成高质量熔覆轨迹。由于粉末的进给和激光束是同轴的,故能很好地适应扫描方向的变化。

激光近形制造技术除具有选择性激光烧结技术的特点外,其最大的优点就是,成型的金属零件非常致密,力学性能优良。原因:激光是一种可控性极强的高功率密度热源,它为材料加工及处理提供了其他常规手段无法实现的极端条件。极快的加热和冷却使激光加工的热影响区非常小,从而工件的变形也非常小。激光辐射区中的材料能形成特殊的优良组织结构,如形成高度细化的晶粒组织和晶内亚结构,其特征尺寸在微米数量级到纳米数量级,使材料的强度、硬度、韧度、耐磨性和耐蚀性同时大幅度提高。有资料介绍,用激光近形成型制造技术制作的 Ti-6Al-4V 成型件的力学性能,已经达到或超过常规制造方法(如铸、锻)力学性能。

激光近形制造技术虽然有独特的优点,但是由于发展时间短,目前还存在一些问题。例如,零件的成型精度及表面质量都比选择性激光烧结的要低一些;制作的零件存在残余应力,要妥善控制不使零件变形;金属材料对 CO_2 激光的反射率影响了激光快速成型的效率。

5. 薄片叠层制造技术

薄片叠层制造技术是一种常用来制作模具的新型快速成型技术。其工作原理:首先用大功率激光束切割金属薄片;然后将多层薄片叠加,并使其形状逐渐发生变化,最终获得所需原型(模具)的立体几何形状。薄片叠层制造技术原理如图 6.4.7 所示。

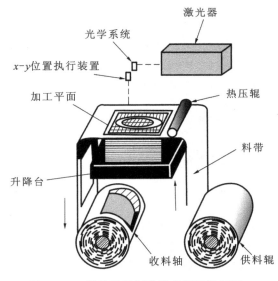

图 6.4.7 薄片叠层制造技术原理示意图

该技术由于各薄片间的固结简单,故用叠层法制作冲模,其成本约为传统方法的一半,生产周期大大缩短;用来制作复合模、塑料模、级进模等,经济效益也甚为显著。该技术在国外已经得到了广泛的使用。

三、激光快速成型技术的重要应用

1. 用于制造复杂形状的零件

激光快速成型技术特别适合在航天航空工业中制作大型带加强筋的整体薄壁结构零件。在制造内部型腔时,无需做芯子和模子,故特别适合制造很小的零件、很薄的壁及雕刻的表面。

2. 快速制造原型

激光快速成型技术可以在极短的时间内设计制造出零件的原型,进行外观、功能和运动上的考核,发现错误及时纠正,避免由于设计错误而带来工装、模具等的浪费。

3. 用于制造多种材料或非均质材料的零件

在制造过程中,激光快速成型技术可以改变材料的种类,因此可以生产出各种不同材料、颜色、机械性能、热性能组合的零件。

4. 用于制造活性金属的零件

由于激光快速成型制造能够提供良好的工作环境,材料浪费少,所以可以用于加工活性金属(如钛、钨、镍等)及其他的特殊金属。另外,它还可以用于大型金属零件(如汽轮机叶片等)的修复。

5.用于小批量生产塑料制件

从投入/产出角度来看,一个塑料制件的模具需生产数千个零件在经济上才划得来,几十件到几百件则可以用快速成型法来经济地生产;特别是在不同的零件同时生产时,快速成型法的优点更加明显。

6.用于制造各种模具或模型

选择性激光烧结技术在航空工业中应用得最有发展前途的就是,快速制造精密铸造中的陶瓷模壳和型芯。采用该项技术的主要优点是,可以省去制造壳型的蜡模、蜡模浇注系统及蜡模的熔化等一系列复杂的工艺和设备,因此,生产周期短,成本低。立体光造型技术还可以用来制造电火花加工用的电极的模具。另外,还可以制造风洞吹风试验用的机翼型、建筑模型及病人的骨架模型。

评价与收获

将本任务的评价与收获填入表 6.4.1 中。

6.4.1　任务的评价与收获

过 程 评 价					
评价内容	认知态度	多媒体使用情况	团队协作情况	参与程度	任务完成情况
评价等级					
收获与反思					

巩固与练习

1. 简述激光快速成型技术的原理及主要优点。
2. 激光快速成型有哪些基本技术?
3. 激光快速成型技术有哪些重要应用?

知识链接

激光 3D 成型技术将义齿生产成本降低一半

3D 打印技术在医疗行业的牙科产业取得了一些突破。因为每个人的牙齿都各不相同,所以牙科植入物的生产制造就需要定制化、个性化,如图 6.4.8 所示。

LaserCUSING 主要根据三维 CAD 数据来逐层生成指定零部件,一旦数据被发送到设备中,高能激光就会将打印材料熔化在一起,直到生成所希望的物理形状。除此之外,LaserCUSING 还有前期运营成本较低、支持多种类型的材料、可一次生产多种义齿、生产速度高、可及时为患者提供成品等优点。

此外,在使用过程中,人们还发现它具有低功耗、材料可再利用、减少浪费,以及制造工艺自动化可减少人力成本等特点。

图 6.4.8　用于生产义齿的 3D 成型技术

使用 LaserCUSING 工艺生产产品是比较简单的。在机器根据 CAD 数据生产完成后,使用者只需拆除它的支撑结构,再用 Al_2O_3 对其表面进行喷砂抛光即可。只需不到 3 min,成品即可进行贴面或准备运输,并在 48 h 内交付给牙科诊所的病人。

目前,整体来说,生产义齿的平均成本为 20 欧元左右。而使用 LaserCUSING 技术则会使该成本下降到不足 10 欧元,而且质量更高,交货速度更快。

创始人 Carrio 说:"作为一个工业制造中心,我们把自己定位为牙科实验室提供制造服务的供应商。金属激光熔凝是数字化在生产制造领域的合理延伸,这能够使我们达到最高的质量标准。激光 3D 代表着未来,这是毫无疑问的"。

任务 5　激光清洗与毛化技术

任务场景

在我国环境保护法规要求越来越严格、人们的环保和安全意识日益增强的今天,工业生产清洗中可以使用的化学药品种类将变得越来越少。如何寻找更清洁,且不具损伤性的清洗方式是我们不得不考虑的问题。而激光清洗具有无研磨、非接触、无热效应和适用于各种材质的物体等清洗特点,被认为是最可靠、最有效的解决办法。同时,激光清洗可以解决采用传统清洗方式无法解决的问题。用激光清洗工件表面的污渍、锈迹,可以使工件表面焕然一新,如图 6.5.1(a)所示。

(a) 清洗　　　　　　　　　　　　　　　　(b) 毛化

图 6.5.1　激光清洗与毛化案例

另外,激光毛化轧辊具有比喷丸毛化螺丝更长的使用寿命,轧辊过程中能提高轧制速度,减少板面擦伤,改善板型,在板卷退火中防止粘连,能显著提高工厂的生产率和产品质量。被激光毛化的轧辊表面如图 6.5.1(b)所示。

任务要求

了解激光清洗与毛化技术,知道激光清洗与毛化技术的实际应用。

任务准备

1. 网上检索相关图片和视频,下载并编辑。
2. 多媒体及课件。

基本活动

一、激光清洗技术

1. 激光清洗技术概述

激光清洗技术是指采用高能激光束照射工件表面,使表面的污物、颗粒、锈斑或涂层等附着物发生瞬间蒸发或剥离,从而达到清洁净化的工艺过程。与普通的化学清洗法和机械清洗法相比,激光清洗具有如下特点。

(1) 它是一种完全的"干式"清洗过程,无需使用清洁液或其他化学溶液,是一种"绿色"清洗工艺,并且清洁度远远高于化学清洗工艺的。

(2) 清洗的对象范围很广。从大的块状污物(如手印、锈斑、油污、油漆)到小的微细颗粒(如金属超细微粒、灰尘)均可以采用此方法进行清洗。

(3) 激光清洗适合几乎所有固体基材,并且在许多情况下可以只去除污物而不损伤基材。

(4) 激光清洗可以方便实现自动化操作,还可利用光纤将激光引入污染区,操作人员只需远距离遥控操作,非常安全方便,这对于一些特殊的应用场合,如核反应堆冷凝管的除锈等,具有重要的意义。

用于激光清洗的激光器类型、功率及其波长,应视所需要清洗的物质成分和形态的不同而不同,目前的典型设备主要是 YAG 激光器和准分子激光器。值得一提的是,在钢铁表面采用激光除锈工艺,通过选择适当工艺参数,可以在除锈的同时使基材表面微熔,形成一层组织均匀致密的耐蚀层,使除锈、防腐蚀一步到位。激光清洗工艺已在工业中得到初步应用。

激光弯曲是一种柔性成型新技术,它利用激光加热所产生的不均匀的温度场,来诱发热应力代替外力,实现金属板料的成型。激光成型机理有温度梯度机理、压曲机理和镦粗机理。与火焰弯曲相比,激光束可被约束在一个非常窄小的区域而且容易实现自动化,这就导致了人们对激光弯曲成型的研究兴趣。目前此项技术研究已有一些成功应用的范例,如用于船板的弯曲成形,利用管子的激光弯曲成形制造波纹管,以及微机械的加工制造。

总之,激光加工是 21 世纪的一种先进制造技术,其发展前景不可限量。但是,激光加工技术还是一种发展中的技术,还不成熟。它不像传统工艺的冷加工车、钻、铣、刨、磨,也不像热加工的锻、铸、焊、金属热处理,有一整套金属工艺学的理论和规范化的工艺。在使用激光加工,尤其是本章中讲述的激光热加工技术的过程中,经验和试验是必不可少的。针对具体的应用对象和要求设计制造专用设备时,必须先充分调查研究,学习并吸收前人的经验,在浩如烟海的研究成果中寻找最合适的方法。即便使用目前已经在市场上出售的较为通用的激光加工系统设备,也需要对所加工具体零部件的工艺做充分的实验。在推广应用的热潮中,激光加工技术在不久的将来一定会成熟起来,建立并完善自己的理论和规范。

2. 激光清洗的应用

激光清洗不但可以用来清洗有机的污染物,也可以用来清洗无机物,包括金属的锈蚀、金属微粒、灰尘等。下面介绍一些实际应用情况。

1)模具的清洗

每年全世界的轮胎生产企业制造数亿个轮胎,生产过程中轮胎模具的清洗必须迅速可靠,以节省停机的时间。传统的清洗方法包括喷沙、超声波或二氧化碳清洗等,但这些方法通常必须在高热的模具经数小时冷却后,再移往清洗设备进行清洁,清洁所需的时间长,并容易损害模具的精度,化学溶剂及噪声还会产生安全和环保等问题。利用激光清洗方式,激光清洗方式可用光纤连接而将光导至模具的死角或不易清除的部位进行清洗,因此使用方便;另外清洗时,橡胶并没有汽化,因此不会产生有毒气体,影响工作环境的安全。激光清洗轮胎模具的技术已经在欧美的轮胎工业中大量采用,虽然初期投资成本较高,但在节省待机时间、避免模具损坏、工作安全及节省原材料上可获得回报。根据 Quantel 公司的 LASERLASTE激光清洗系在上海双线载重轮胎公司生产线上进行的清洗试验表明,仅需 2 h就可以在线清洗一套大型载重轮胎的模具。和常规清洗方法相比,经济效益是显而易见的。

食品工业模具上防粘的弹性膜层需要定期更换以保证卫生,不用化学试剂而使用激光清洗也特别适合这种应用。

2)武器装备的清洗

激光清洗技术在武器维护保养上广泛应用。采用激光清洗系统,可以高效、快捷地清除锈蚀、污染物,并可以对清除部位进行选择,实现清洗的自动化。采用激光清洗,不但清洁度高于化学清洗工艺,而且对物体表面几乎无损害。Quantel 公司的 LASERLASTE 通过设定不同的参数,还可以在金属物体表面形成一层致密的氧化物保护膜或金属熔融层,以提高表面强度和耐腐蚀性。激光清除的废料对环境基本上不构成污染,还可以进行远距离操作,有效减少了对操作人员的健康损害。

3)飞机旧漆的清除

在欧洲,激光清洗系统早已应用在航空工业中。飞机的表面经过一定时间后要重新喷漆,但是喷漆之前需要将原来的旧漆完全除去。传统的机械清除油漆法容易对飞机的金属表面造成损伤,给安全飞行带来隐患。如采用多个激光清洗系统,只需 2 d 就可将一架 A320 空中客车表面的漆层完全除掉,且不会损伤金属表面。

4）楼宇外墙的清洗

随着我国经济的飞速发展，越来越多的摩天大楼被建立起来，大楼外墙的清洁问题日益突现，LASERLASTE 激光清洗系统通过 70 m 的光纤对建筑物外墙的清洗提供了很好的解决方法，它可以对各种石材、金属、玻璃上的各种污染物进行有效清洗，且比常规清洗效率高很多倍。还可以对建筑物的各种石材上的黑斑、色斑进行清除。LASERLASTE 激光清洗系统对嵩山少林寺的建筑物、石碑进行清洗的试验表明，采用激光清洗对保护古建筑恢复外观效果非常好。

5）电子工业中的清洗

电子工业使用激光去除氧化物：电子工业需要高精度去污，特别适合采用激光去氧化物。在印刷电路板焊接前，元件针脚必须彻底去氧化物以保证最佳的电接触，在去污过程中还不能损坏针脚。激光清洗可以满足使用要求，且效率很高，一个针脚只需照射一次激光即完成清洗要求。

6）精密机械工业中的精确去酯清洗

精密机械工业常常需对零件上用来润滑和抗腐蚀的酯类及矿物油加以清除，通常采用化学方法，而化学清洗往往仍有残留物。激光去酯可以将酯类及矿物油完全去除，不损伤零件表面。其污染物去除是由冲击波完成的，零件表面的氧化物薄层爆炸性汽化形成了冲击波，导致污物去除，而非机械互作用。材料彻底去酯用于航天工业机械零件的清理。机械零件加工中的油脂去除同样可采用激光清洗方法。

7）核电站反应堆内的管道清洗

激光清洗系统还应用于核电站反应堆内管道的清洗。它采用光导纤维，将高功率激光束引入反应堆内部，直接清除放射性粉尘，清洗下来的物质清理方便。而且，由于是远距离操作，可以确保工作人员的安全。

综上所述，激光清洗在很多领域发挥着重要作用，并且在汽车制造、半导体晶圆片清洗、精密零件加工制造、军事装备清洗、建筑物外墙清洗、文物保护、印刷电路板清洗、精密零件加工制造、液晶显示器清洗、口香糖残迹去除等领域均可发挥重要作用。

二、激光毛化技术

1. 激光毛化技术概述

激光毛化技术是采用高能量、高重复频率的脉冲激光束在聚焦后的负离焦照射到轧辊表面实施预热和强化，在聚焦后的聚焦点入射到轧辊表面形成微小熔池，同时由侧吹装置对微小熔池施于设定压力和流量的辅助气体，使熔池中的熔融物按指定要求尽量堆积到熔池边缘形成圆弧形凸台（峰值数）。

激光毛化有如下特点：激光毛化钢板表面的小凹坑不连通，有利于在后期冲压成型时储油和捕捉金属碎屑，储油性好，防止冲压划伤，保证钢板的深冲性，使冲压零件表面光整，同时减少冲压用油。

辊面的激光毛化形貌均匀、可控，平滑面占整个毛化面的 60%，使轧制出的钢板的板面平坦度高，提高了带钢表面的光洁度和涂漆后的鲜艳度。为用户增加了产品的竞争力，可生产激光镜面钢板（laser mirror steel）。

　　激光毛化钢板表面粗糙度均匀、排列规则、形貌可以预控、重复性好、表面粗糙度调节范围大。可以根据用户需要进行特殊设计,开发新品种,如印花板面等。

　　激光束在对轧辊毛化的同时还具有对其表面进行强化的作用,可提高轧辊使用寿命,减少换辊量和降低轧辊消耗,提高轧机生产效率。

　　CO_2 激光毛化形貌的辊板转换状态一般是:凹坑的复印率为 20%,凸台的复印率为 80%。由于 CO_2 激光毛化起作用的主要是凸台部分,所以激光毛化转换率高,不易堵塞,毛化效果好,过钢量高。

　　毛化表面粗糙度调节灵活,可适应多品种开发和生产;占地面积小,地基简单;加工效率快。一根轧辊($\phi 500 \times 1780$ mm)的加工时间在 30～40 min 内;自动化程度高,功能丰富。数控点加工,加工异型轧辊可先仿形后毛化;运行稳定,加工质量高;作业消耗的费用低,作业介质安全;环保型生产,无"三废"污染。

　　2. 激光毛化技术在钢铁行业中的应用

　　(1) 在轧制中,由于毛化后的轧辊改变了辊与板之间的接触状态,由光面对光面转变成毛面对光面,在轧制力的作用下摩擦因数明显提高,且 CO_2 激光毛化后的轧辊表面是通过激光溶化、造型、急冷形成的,轧辊表面硬度可高达 1000 HV,也就是说,CO_2 激光毛化技术不仅有毛化功能,还有强化功能,能明显提高轧辊的耐磨性。具体表现如下。

　　① 能提高轧制速度,降低轧制力。

　　② 能减少打滑带来的划伤、边浪,有利于提高板形质量。

　　③ 由于轧辊耐磨性提高,可延长换辊时间,使轧辊的寿命提高 1 倍以上。

　　④ 由于轧辊寿命的延长,有利于提高轧机产量和稳定板面质量。

　　(2) 在罩式炉退火中,由于轧辊毛化后轧制的卷板板面有无数的凸台、凹坑,使卷板内板与板之间的缝隙及摩擦力明显增大,从而改善了气体在板面与板面之间的流动状态。具体表现如下。

　　① 由于缝隙大且均匀,能有效防止板与板之间的粘贴现象,同时能提高软化效果。

　　② 由于气体流动性好,因此有利于挥发和还原板面上的杂物,减少"黄""黑"斑,改善板面的外观质量。

　　③ 由于摩擦力增加,可有效防止塔卷(滑套)的产生,便于吊装及板卷在罩式炉火中的堆放(有不少单位由于塔卷的产生及卷径不够,导致罩式退火炉的实际产能小于设计产能的要求,制约了轧机产能的发挥)。

　　④ 能节约一定的 N_2 和 H_2 及退火时间,并有助于板材软化效果的均匀性(由于 H_2 的导热系数是 N_2 的 6 倍,所以用全 H_2 效果更佳)。

　　(3) 后续加工中,由于激光毛化的轧辊轧制的板面分布有许多均匀的互不相通的小凹坑,在后续机械加工中能形成一个个密密麻麻的小油池,有利于降低摩擦力、挤压力、拉伸力、剪切力。在后续的深加工中,由于激光毛化技术能有效控制板面的毛面和光面的比例,同时毛面能增大板面的表面面积(特别是凹坑带来的表面面积),具体表现如下。

　　① 能延长用户的模具、刀具使用寿命,提高用户的产品合格率(特别是深冲和超深冲产品)。

　　② 便于用户开发出不同的镜面板、漫发射板、防伪板等。

　　③ 能明显增加板面的附着力,有利于后续的镀铬、彩涂工艺。

④ 能节约后续加工中的润滑油和涂层材料。

评价与收获

将本任务的评价与收获填入表 6.5.1 中。

表 6.5.1　任务的评价与收获

过 程 评 价					
评价内容	认知态度	多媒体使用情况	团队协作情况	参与程度	任务完成情况
评价等级					
收获与反思					

巩固与练习

1. 简述激光清洗技术。
2. 激光清洗技术有哪些特征？
3. 激光清洗的应用有哪些，请简述之。
4. 简述激光毛化技术。
5. 激光毛化技术有哪些特征？
6. 激光毛化的应用有哪些，请简述之。

项目7

几个激光加工设备教学软件

——以武汉弗莱茵科技有限公司开发的教学课件、软件为例

【项目描述】

由武汉弗莱茵科技有限公司开发的激光加工设备教学课件和软件，是将激光加工技术所涉及的文本、图形、形象、视频图像、动画和声音等运载信息的媒体集成在一起，并通过计算机综合处理和控制的一种适用性极强的软件，它既能向学生快速提供丰富多彩的集图、文、声于一体的教学信息，又能为学生提供生动、友好、多样化的交互平台。本项目共3个任务，主要介绍2个课件和2个软件。

【学习目标】

领会双光路激光雕刻切割加工维修综合实训系统教学课件V1.0、多工位带旋转激光雕刻加工维修综合实训系统教学课件V1.0的内涵。

会与双光路激光雕刻切割加工维修综合实训系统虚拟仿真软件V1.0、多工位带旋转激光雕刻加工维修综合实训系统仿真软件V1.0人机互动。

【能力目标】

培养学生感知、思考、分析和解决问题的能力。

任务1 几个激光加工设备演示课件

任务场景

目前,市场上适合激光加工设备的教学演示课件并不多,武汉弗莱茵科技有限公司经过几年艰辛的努力,开发了有助于教学的相关课件。通过课件演示,学生可真实再现实训场景,这为学生提供生动、友好、多样化的交互平台,应该说这是一件有益于教学的好事。下面重点介绍双光路激光雕刻切割加工维修综合实训系统教学课件 V1.0、多工位带旋转激光雕刻加工维修综合实训系统教学课件 V1.0 两个课件。

任务要求

从播放的教学应用课件中,让学生了解双光路激光雕刻切割加工维修综合实训系统,以及多工位带旋转激光雕刻加工维修综合实训系统等教学课件,为实际操作打下基础。

任务准备

1. 网上检索相关图片和视频,下载并编辑。
2. 多媒体及课件。

基本活动

一、双光路激光雕刻切割加工维修综合实训系统教学课件 V1.0

此多媒体课件系统为高清课件,整体结构由片头、片尾、片花和主题结构组成。多媒体解说课件集宣传片的高清震撼片头、多媒体课件的功能强于一体,以信息量丰富、教学直观、结构层次清晰明了、教学形象生动为主体,具备视觉、听觉、感觉相互作用的功能。全篇配备动态的、有特色的背景音乐,画质柔和,能充分调动学习者的浓厚兴趣,易学易懂,其界面如图 7.1.1 所示。

图 7.1.1 双光路激光雕刻切割加工维修综合实训系统教学课件 V1.0

（一）功能要点

（1）人-机交互。页面与页面之间形成了互联互通，无论是教学还是学习，在不同内容间可以自由切换。

（2）考证题库。本系统集成了模拟题库，题库内容为专业考级模拟试题，学生可以通过模拟试题进行自测自评，及时掌握所学知识达到的程度，以及了解与取得证书之间的差距。

（3）3D 动画。真实模拟设备的组成结构，效果逼真，位置精准，综合阐述设备的运作。

（4）实拍视频。大量的操作视频、加工视频、成品视频，全面展现设备从开机、编辑、调节、加工到精美作品的成型过程。

（5）文字信息。对常见故障的维修以及注意事项，分门别类地进行描述，形成不同的问题，对应不同的解决方案。

（6）软件教学。针对加工产品前所用到的编辑软件进行高清晰视频讲解，并分别对文字案例、图像案例，以及辅助软件 Coreldraw 的应用进行全方位讲解。

（7）高清综合片头。片头由综合精彩加工视频、大气磅礴的光效，以及震撼的音乐组成，能有效集中学习者的注意力。

（8）向量图形。系统内配备大量原理图的向量图形，对设备的工作原理以及组成进行综合描述。

（9）音效。除系统的背景音乐配备操作特效音外，还能有效引导学习者对所操作的事项进行提醒。

（10）辅助动画。系统配备大量背景动画以及特效，可活跃学习者的兴趣并吸引学习者的注意力。

（二）主体导航内容

1. 开关机顺序

采用 3D 模型演示开关机流程，并配备流程箭头及标号顺序。启动开关有相应的状态显示，让初学者直观了解并掌握开关机的顺序。

2. 操作平台

1）软件操作

本系统对操作平台的软件编辑进行视频教学，并通过软件分别对文字、图形图像、辅助软件 Coreldraw 的详细操作进行全面讲解，教学视频配备语音讲解，做到了视觉、听觉同步，教师易于教学，学习者直观感受强烈，记忆深刻。

2）平台组装

本模块利用 3D 模型动画对操作台各个零部件进行分解组装，零件清晰，组装逻辑性强，学习者一目了然，通过直观、形象、生动的视频，学习者能很容易看到每个零部件的位置，对学习者动手组装工作台有明显的提升作用。

3. 加工平台

1）谐振腔系统

通过 3D 模型动画、二维向量图、详细的文字介绍等全面解析谐振腔系统的构成、调节、工作原理以及注意事项。谐振腔光路的调整，各个系统的功能在现实中讲解耗时、不清晰、不易懂,本系统用3D模型进行直观、生动的调节组装,学习者可快速掌握谐振腔的调节方法和各系统功能模块的作用。

2)圆柱体加工

通过一段高清的加工视频,学习者在学习过程中就可了解圆柱体加工的动作及效果。因此,为后期实训操作圆柱体加工积累了经验,能判断旋转台的动作是否正确等。

4. 冷却系统

(1)向量图描述了冷却系统的工作原理及构成。

(2)三维动画展示了调节冷却系统的温度及设定。

(3)介绍了调节及设定温度的方法。

(4)通过分类注意事项,容易记住。

5. 检修方法

(1)操作平台的检修。

(2)加工平台的检修。

(3)冷却系统的检修。

6. 参与互动

以题库的形式调动学习者的积极性。学习者通过习题模拟能随时了解自己掌握知识的程度,能进行综合评分,及时知道自身学习后还有哪些不足。试题采用考证试题,并能测评自己离取得证书还有多少差距。

7. 加工视频

从不同角度了解加工时的状态及效果。

8. 成品展示

采用图片列表的模式,充分展示本设备加工后的精美作品。

9. 操作手册

系统附带产品使用手册,能全面丰富地了解设备的正常运行、故障排除的方法等,为进行实机操作积累了宝贵的经验,同时也能避免因操作失误而导致设备损坏。

二、多工位带旋转激光雕刻加工维修综合实训系统教学课件 V1.0

该课件的功能要点和主题导航内容与上述"双光路激光雕刻切割加工维修综合实训系统教学课件 V1.0"的一致,在此不多赘述。课件界面如图 7.1.2 所示。

图 7.1.2 多工位带旋转激光雕刻加工维修综合实训系统教学课件 V1.0

评价与收获

将本任务的评价与收获填入表 7.1.1 中。

表 7.1.1　任务的评价与收获

过 程 评 价					
评价内容	认知态度	多媒体使用情况	团队协作情况	参与程度	任务完成情况
评价等级					
收获与反思					

巩固与练习

从播放的两个课件视频中学到了哪些知识？请写一篇 500 字以上的心得体会。

任务 2　双光路激光雕刻切割加工维修综合实训系统虚拟仿真软件 V1.0

任务场景

与任务 1 实训加工的课件相比，仿真软件更能体现人机对话、模拟仿真的强大功能，可操作性强，极大地弥补了激光加工设备不足的问题。其界面如图 7.2.1 所示。

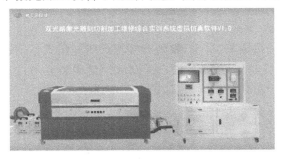

图 7.2.1　双光路激光雕刻切割加工维修综合实训系统虚拟仿真软件 V1.0

任务要求

1. 理解模拟双光路激光雕刻切割加工维修综合实训系统虚拟仿真软件 V1.0 的内涵。
2. 掌握实训步骤和解决实际问题的方法。

任务准备

1. 网上检索相关图片和视频，下载并编辑。
2. 多媒体及课件。

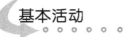

基本活动

一、仿真系统简介

利用虚拟现实技术，进行 1∶1 模型搭建虚拟设备及外部厂房，全方位展示双光路激光雕刻切割机，让用户全面、深刻了解双光路激光雕刻切割机的外部形态、尺寸大小、操作流程、培训方法和考核等情况。

二、仿真系统实景展示内容

仿真系统主要包含以下几方面。

（1）实训系统控制台：包括液晶控制面板、PLC 控制面板、前控制面板、PLV 元器件、操作平台后背板连接口、供电电源盒及与前面板各开关对应的交流接触器。

（2）双光路激光雕刻切割机：包括蜂窝状工作台、切割头、导轨、运动横梁、电动机、红光镜片组、反射镜、激光电源、激光管和接地设施等。

（3）排风系统：包括排风机、排风管和连接线。

（4）冷却系统：包括工业制冷水箱、水管和连接线。

（5）空气泵：包括气泵、气管和连接线。

（6）连线与开关：包括设备之间的连接线路及总电源开关。

（7）周边环境：包括厂房等，都能进行实景展示。

三、仿真系统功能

1. 用户登录系统模式

用户登录系统模式包括游客、学生、教师和管理员四种模式。

（1）游客模式下，无需账号与密码，用户可以选择自动浏览和自主学习的方式体验三维场景中培训系统所有流程动画演示效果，如图 7.2.2 所示。

图 7.2.2　游客模式

（2）学生模式下，用户需要输入正确的账号和密码才能登录系统，可以选择不同的科目进行考试并查询考试成绩，如图 7.2.3 所示。

图 7.2.3   学生模式

（3）教师模式下，用户可以统一发布考题，控制学生进行考试并查询所有学生的成绩。

（4）管理员模式下，用户可以对学生、教师等的账号进行增加、修改、查询和删除操作。

2. 培训系统与考核评分系统

1）培训系统

（1）设备项目操作流程主要有设备认知、电源设置、光学调整、仿真加工和故障维修五大模块。

① 设备认知：包括普通认知和拆装认知。

② 电源设置：包括设备开启和设备关闭。

③ 光学调整：与真实设备调光方法一致。

④ 仿真加工：两种图案、三种加工材料共五种仿真加工流程。

⑤ 故障维修：包括开机无反应、无激光输出或激光输出弱、切割雕刻深度不理想、计算机与设备不联机、加工尺寸有误差或动作错误和滑块运动不理想六种。

（2）界面模式包括自动浏览和自主学习两种模式。

① 自动浏览界面如图 7.2.4 所示。

图 7.2.4   自动浏览界面

② 自主学习界面如图 7.2.5 所示。

图 7.2.5   自主学习界面

2）考核评分系统

教师可以通过该系统给学生统一发布考题,学生也可以选择预置的考核题目进行考试,了解自己对设备操作的掌握程度。考题选择与学生成绩查询的界面如图7.2.6所示。

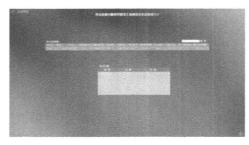 

(a)考题选择界面　　　　　　　　　　(b)学生成绩查询界面

图7.2.6　考题选择界面与学生成绩查询界面

3）考试系统的功能

（1）教师统一教学。

（2）教师统一出题。

（3）设备分类培训自动浏览。无需任何操作,该系统可根据培训流程设定的操作步骤,通过三维动画演示和二维信息提示相结合的方式为用户展示整个培训流程过程;对重点和难点部分给予特殊提示、特写镜头展示。例如,采用粒子系统模式激光的光线运行过程。

（4）设备分类培训自主学习。用户可根据二维界面的信息提示,逐步选择三维场景中相关设备模型来触发流程交互。自动浏览模式和自主学习模式可任意切换,以适应用户的不同需求。

（5）考核。可以进行分模块的考核,包括设备认知、电源设置、光学调整、故障维修、仿真加工等。

（6）成绩查询。可以按姓名、班级等分类查询考试成绩。

4）系统故障检修

针对设备使用过程中出现的常见故障,给出相应的解决办法。采用局域网数据库对学生考核的成绩数据进行增删及检查。

评价与收获

将本任务的评价与收获填入表7.2.1中。

表7.2.1　任务的评价与收获

过 程 评 价					
评价内容	认知态度	多媒体使用情况	团队协作情况	参与程度	任务完成情况
评价等级					
收获与反思					

巩固与练习

1. 双光路激光雕刻切割加工维修综合实训主要包含哪些内容？
2. 在教师的指导下，请你完成对一句格言进行雕刻的模拟加工，并完成考核、评价与成绩查询任务。

任务 3　多工位带旋转激光雕刻加工维修综合实训系统仿真软件 V1.0

任务场景

多工位带旋转激光雕刻加工维修综合实训系统仿真软件 V1.0 如图 7.3.1 所示。

图 7.3.1　多工位带旋转激光雕刻加工维修综合实训系统仿真软件 V1.0

任务要求

1. 理解多工位带旋转激光雕刻加工维修综合实训系统仿真软件 V1.0 的内涵。
2. 掌握综合实训步骤与解决实际问题的方法。

任务准备

1. 网上检索相关图片和视频，下载并编辑。
2. 多媒体及课件。

基本活动

一、软件登录模式

软件登录模式包含管理员登录模式、教师登录模式、学生登录模式、游客登录模式。教师登录界面如图 7.3.2 所示。

图 7.3.2 教师登录界面

（1）管理员登录模式。使用管理员身份登录后，可对各个账户进行设置；同时也可以删除与创建新的账户。

（2）教师登录模式。使用教师身份登录后，含有 3 个模块：培训功能模块（使用手动与自动两种方式来展示所有相关的工艺流程，同时教师还能设置统一的教学模式，控制所有学生的计算机与教师服务器同步显示）；命题功能模块（教师可以通过选题菜单，对所有学生进行统一考试）；成绩查询模块（教师可以在此功能下查看所有学生的成绩）。

（3）学生登录模式。使用学生身份登录后，会有 3 个模块：培训功能模块（使用手动与自动两种方式来展示所有相关的工艺流程）；考核功能模块（每位学生都可以用此功能来进行自选的科目考试，成绩会记录在数据库中）；成绩查询模块（学生可以查询自己的各科成绩，以及最近 10 次的考试记录）。

（4）游客登录模式。使用游客身份登录时，无需账号与密码，可直接进入培训模式进行学习。

二、软件模块

软件模块包含设备认知模块、电源设备模块、光学调整模块、仿真加工模块、故障排查模块，如图 7.3.3 所示。

图 7.3.3 软件模块界面

（1）设备认知模块包含对设备主要部件的介绍。

（2）电源设置模块包含设备开启操作流程和设备关闭操作流程。

（3）光学调整模块包含光路系统开启流程讲解、光学部件安装讲解及光路调试流程讲解。

（4）仿真加工模块，具备真实的设备操作方式和完整的加工操作过程。

（5）故障排查模块，具备多种常见故障现象的维修教学与训练。

三、具备全中文真实感的用户界面

具备全中文真实感的模拟交互平台如图 7.3.4 所示。

图 7.3.4　模拟交互平台

（1）具有真实感的三维设备界面（操作平台界面、加工平台界面、水冷设备界面）。

（2）具有动态旋转、缩放、移动等功能的实时交互操作方式。

（3）具备工件安装、工件选择及工具选择功能。

（4）具备多种学习模式选择功能。每个功能模块都包含自动浏览模式、自主学习模式、考核模式等。

四、具备真实感的设备操作方式

具备真实感的设备界面与工具如图 7.3.5 所示。

图 7.3.5　设备界面与工具

（1）各操作按键可控制动画功能。

（2）显示器显示软件控制界面内容。

（3）可实现各轴运动控制和调光出光运动控制。

（4）可实现整个工件加工过程。

（5）具备使用各种调试工具的功能。

五、多种常见故障现象的维修教学与训练

多工位带旋转激光雕刻加工维修综合实训系统包含设备操作时的多种常见故障现象,植入故障,就可观察故障现象,测试各相关部件的工作情况,从而排除故障,如图 7.3.6 所示。

图 7.3.6　实训故障检修与排除

六、完整的加工操作过程

多工位带旋转激光雕刻加工维修综合实训系统完整的加工操作步骤如下。

(1) 设备开机操作。
(2) 电源参数选择及修改。
(3) 加工程序调用。
(4) 加工工件选放。
(5) 仿真加工过程。
(6) 加工完成拆卸工件。
(7) 设备关机操作。

设备操作界面如图 7.3.7 所示。

图 7.3.7　设备操作界面

七、掌握多种模式

多工位带旋转激光雕刻加工维修综合实训系统需要掌握多种模式的知识,如下。

(1) 培训模式:通过文字、语音、动画、图片等多种途径讲解操作过程。
(2) 训练模式:通过文字、语音、错误提示等,按照要求完成操作流程。
(3) 考核模式:给定要求,通过自主操作,完成考核,并给予评分及点评。

八、完整的教学应用

多工位带旋转激光雕刻加工维修综合实训系统完整的教学应用主要包含以下几方面。

(1) 硬件介绍。对多功能激光加工机整体、零部件的名称和作用进行介绍。

(2) 部件安装。多功能激光加工机的部件安装注意事项、安装位置及安装方法。

(3) 光路调整。对光学部分进行调整,使之达到正常出光标准。

(4) 参数设置。开关机操作,对不同的材质选用不同的参数,并对其进行修改和删除。

(5) 故障维修。学习多功能激光加工机使用时常见故障现象的排除方法。

(6) 仿真操作。操作多功能激光加工机,完成一个完整的操作流程。

九、实用灵活的考试系统

实用灵活的考试系统主要包括以下几方面内容。

(1) 考核模块采用一台教员机加上若干台学员机的局域网架构。

(2) 考核模块采用虚拟软件 VRP 与 SQL Server 数据库相配合的技术,使数据库中的信息能更直观地在三维场景中体现出来。

(3) 学生可以在学员机上进行自主学习和训练,教师可以切换到学生的操作画面观看学生的操作。

(4) 教员机主要由教师进行操作,其主要功能包括学生登录管理、教师出题、评分规则编辑、考核过程自动记录、考核自动点评、学生成绩管理等。

(5) 学生可以登录成绩管理模块,查看记录在数据库中的考试成绩,以及考试过程的回放和点评。

评价与收获

将本任务的评价与收获填入表 7.3.1 中。

表 7.3.1 任务的评价与收获

过 程 评 价					
评价内容	认知态度	多媒体使用情况	团队协作情况	参与程度	任务完成情况
评价等级					
收获与反思					

巩固与练习

1. 多工位带旋转激光雕刻加工维修综合实训系统仿真软件包括哪些主要内容?

2. 在教师的指导下,请完成你对一张个性金属名片的模拟加工,并完成考核、评价与成绩查询任务。

参 考 文 献

[1] 张永康.激光加工技术[M].北京:化学工业出版社,2004.

[2] 陈家璧.激光原理及应用[M].北京:电子工业出版社,2004.

[3] 关振中.激光加工工艺手册[M].北京:中国计量出版社,2005.

[4] 陈彦宾.现代激光焊接技术[M].北京:科学出版社,2005.

[5] 曹凤国.激光加工技术[M].北京:科学技术出版社,2007.

[6] 刘其斌.激光加工技术及其应用[M].北京:冶金工业出版社,2007.

[7] 王中林.激光加工设备与工艺[M].武汉:华中科技大学出版社,2011.

[8] 王秀军.激光加工实训技能指导(下册)[M].武汉:华中科技大学出版社,2014.